学ぶ人は、
変えてゆく人だ。

目の前にある問題はもちろん、

人生の問いや、

社会の課題を自ら見つけ、

挑み続けるために、人は学ぶ。

「学び」で、

少しずつ世界は変えてゆける。

いつでも、どこでも、誰でも、

学ぶことができる世の中へ。

旺文社

直接書き込む

やさしい
数学Ａノート

[三訂版]

旺文社

本書の構成と特長

本書の **構成** は以下の通りです。

0 　**数学Aを34の単元に分けました**

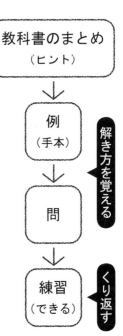

⚠️ **教科書のまとめ**：学習するポイントをまとめました。
そのままヒントにもなり，整理にも活用できます。

例 考え方や解法がすぐにわかるシンプルな問題を取り上げました。

解 手本となる詳しい解答。ポイントを矢印で示し，答は**太字**で明示しました。

問 例 とそっくりの問題を対応させました。

解 解き方を覚えられるように，書き込める空欄を配置しました。

練習 例・問の類題。反復練習により，考え方，公式などの定着をはかります。

別冊解答 考え方 数学的な考え方，方針やポイントを示しました。

解けなくても理解できる詳しい解答を掲載しました。

本書の **特長** は以下の通りです。

① 直接書き込める，まとめ・問題付きノートです。

② 日常学習の予習・復習に最適です。

③ 教科書だけではたりない問題量を補うことで，基礎力がつき，苦手意識をなくします。

④ 数学の考え方や公式などを，やさしい問題をくり返し練習することで定着させます。

⑤ 解答欄の罫線つきの空きスペースに，解答を書けばノートがつくれます。

⑥ 見直せば，自分に何ができ，何ができないかを教えてくれる参考書となります。

⑦ これ一冊で，スタートできます。

　本書の特長である「**例** そっくりの **問** を解くこと」を通して，自信がつき，数学が好きになってもらえることを願っています。

もくじ

第1章 場合の数

1 集合の要素の個数 ……………………… 4
2 場合の数 …………………………………… 6
3 順　列 …………………………………… 8
4 円順列，重複順列 ……………………… 10
5 組合せ …………………………………… 12
6 グループ分け …………………………… 14
7 同じものを含む順列 …………………… 16

第2章 確　率

8 事象と確率 ……………………………… 18
9 確率の基本性質 ………………………… 20
10 独立な試行の確率 ……………………… 22
11 反復試行の確率 ………………………… 24
12 条件つき確率 …………………………… 26
13 期待値 …………………………………… 28

第3章 図形の性質

14 角の二等分線と比 ……………………… 30
15 外　心 …………………………………… 32
16 内　心 …………………………………… 34
17 重　心 …………………………………… 36
18 メネラウスの定理，チェバの定理 …… 38
19 三角形の辺と角の大小 ………………… 40
20 円周角 …………………………………… 41
21 円に内接する四角形（1）……………… 42
22 円に内接する四角形（2）……………… 44
23 接線と弦 ………………………………… 46
24 方べきの定理 …………………………… 48
25 ２円の位置関係 ………………………… 50
26 作　図 …………………………………… 52
27 空間における直線と平面 ……………… 54
28 多面体 …………………………………… 55

第4章 数学と人間の活動

29 約数と倍数 ……………………………… 56
30 最大公約数と最小公倍数 ……………… 58
31 ユークリッドの互除法 ………………… 60
32 １次不定方程式 ………………………… 61
33 n 進法 ………………………………… 62
34 座　標 …………………………………… 63

本文デザイン：大貫としみ　図：蔦澤 治，（株）プレイン　執筆：酒井 琢，内津 知

1　集合の要素の個数

◇ **和集合，補集合の要素の個数**

① 集合 A の要素の個数を $n(A)$ と表す。

② 和集合について，$n(A \cup B) = n(A) + n(B) - n(A \cap B)$

③ 補集合について，$n(\overline{A}) = n(U) - n(A)$ 　（U は全体集合）

例1 1 から 100 までの整数について

(1)　3 の倍数はいくつあるか。

(2)　3 または 5 の倍数はいくつあるか。

(3)　15 の倍数ではないものはいくつあるか。

（解）

(1)　3 の倍数の集合を A とすると，

$A = \{3 \cdot 1,\ 3 \cdot 2,\ 3 \cdot 3,\ \cdots,\ 3 \cdot 33\}$

よって，$n(A) = \mathbf{33}$　←3·①～3·㉝の 33 個

(2)　5 の倍数の集合を B とすると，

$B = \{5 \cdot 1,\ 5 \cdot 2,\ \cdots,\ 5 \cdot 20\}$ より，

$n(B) = 20$　　←5·①～5·⑳の 20 個

また，$A \cap B$ は 15 の倍数の集合で

$A \cap B = \{15 \cdot 1,\ 15 \cdot 2,\ \cdots,\ 15 \cdot 6\}$

より，$n(A \cap B) = 6$　↑3 の倍数かつ 5 の倍数は 15 の倍数

よって，3 または 5 の倍数は，

$\underset{\sim\sim\sim\sim\sim\sim\sim\sim\sim\sim\sim\sim\sim\sim\sim\sim\sim\sim\sim\sim}{n(A \cup B) = n(A) + n(B) - n(A \cap B)}$　↑②

$= 33 + 20 - 6$

$= \mathbf{47}$

(3)　1 から 100 までの整数の集合を U とすると，15 の倍数でない集合は $\overline{A \cap B}$ であるから，

$\underset{\sim\sim\sim\sim\sim\sim\sim\sim\sim\sim\sim\sim\sim\sim\sim\sim}{n(\overline{A \cap B}) = n(U) - n(A \cap B)}$

$= 100 - 6$　↑③

$= \mathbf{94}$

（別解）

(1)　$100 \div 3 = 33.3 \cdots$ より，

$n(A) = \mathbf{33}$

(2)　$100 \div 5 = 20$ より，$n(B) = 20$

$100 \div 15 = 6.6 \cdots$ より，$n(A \cap B) = 6$

問1 1 から 100 までの整数について

(1)　4 の倍数はいくつあるか。

(2)　4 または 6 の倍数はいくつあるか。

(3)　12 の倍数ではないものはいくつあるか。

（解）(1)

(2)

(3)

練習 **1**　全体集合 U とその部分集合 A, B について
$$n(U)=100, \quad n(A)=65, \quad n(B)=45, \quad n(A\cap B)=15$$
であるとき，次の集合の要素の個数を求めよ。

(1)　$n(\overline{A})$

(2)　$n(A\cup B)$

(3)　$n(\overline{A}\cap B)$

(4)　$n(\overline{A}\cap\overline{B})$

練習 **2**　2桁の正の整数のうち，次のような数はいくつあるか。

(1)　8で割り切れる数

(2)　6または8で割り切れる数

(3)　6で割り切れるが8で割り切れない数

(4)　6でも8でも割り切れない数

2　場合の数

⚠ 樹形図，和の法則，積の法則

① ある事柄において，起こり得るすべての場合の数を調べるとき，そのおのおのの場合を，枝分かれしていく図（**樹形図**）にかくとわかりやすい。

② **和の法則**…2つの事柄 A，B は同時には起こらないとする。A の起こり方が m 通り，B の起こり方が n 通りあるとき，A **または** B **の起こる場合の数は，$m+n$ 通り**ある。

③ **積の法則**…事柄 A の起こり方が m 通りあり，そのおのおのについて事柄 B の起こり方が n 通りずつあるとき，A **と** B **がともに起こる場合の数は，$m \times n$ 通り**ある。

例② (1) 100円，50円，10円の硬貨がそれぞれ5枚ずつある。これらを用いて300円ちょうどを支払う方法は何通りあるか。

(2) 大，小2個のさいころを投げるとき，目の和が6の倍数になるのは，何通りあるか。

(3) 72の正の約数の個数を求めよ。

解 (1) 100円，50円，10円の硬貨の枚数について，右図のように樹形図をかくと，

6通り。

```
100円 50円 10円
 3 ── 0 ── 0
       2 ── 0
 2 <
       1 ── 5
       4 ── 0
 1 <
       3 ── 5
 0 ── 5 ── 5
```

(2) 目の和が6の倍数になるのは，6または12になる場合である。

6→(1，5)，(2，4)，(3，3)，(4，2)

(5，1)　12→(6，6)　　　←大と小の目を区別する

よって，5＋1＝**6**（通り）　←和の法則

(3) 72を素因数分解すると，72＝$2^3 \times 3^2$

2^3 の約数　1，2，2^2，2^3　←1はすべての整数の約数

のおのおのについて

3^2 の約数　1，3，3^2 をそれぞれ掛けると72のすべての約数が得られる。

よって，4×3＝**12**（個）　←積の法則

問② (1) 100円，50円，10円の硬貨がそれぞれ2枚，4枚，5枚ずつある。これらを用いて250円ちょうどを支払う方法は何通りあるか。

(2) 大，小2個のさいころを投げるとき，目の和が10以上になるのは，何通りあるか。

(3) 400の正の約数の個数を求めよ。

解 (1)

(2)

(3)

練習3 　大，中，小の3個のさいころを投げるとき，目の和が次のようになるのは，何通りあるか。

(1) 　目の和が5

(2) 　目の和が5以下

練習4 　次の式を展開したときの項の個数を求めよ。

$$(a+b+c+d)(x+y+z)$$

練習5 　大，小2個のさいころを投げるとき，目の積が次のようになるのは，何通りあるか。

(1) 　目の積が偶数

(2) 　目の積が4の倍数

3　順　列

⚠ **階乗，順列の総数 $_nP_r$**

① 1から n までの整数の積を n **の階乗**といい，$n!$ で表す。

$$n! = n \times (n-1) \times \cdots \times 2 \times 1$$

② いくつかのものを順序をつけて1列に並べたものを**順列**という。

③ 異なる n 個のものから r 個を取り出して並べる**順列の総数**は

$$_nP_r = \underbrace{n(n-1)(n-2)\cdots(n-r+1)}_{r個} \quad \leftarrow \frac{n(n-1)\cdots(n-r+1)(n-r)\cdots 1}{(n-r)\cdots 1}$$

$$= \frac{n!}{(n-r)!} \quad (r=n \text{ のときも成り立つように } 0!=1 \text{ と定める})$$

例3 (1)　次の値を求めよ。

(i) $_3P_3$　　(ii) $_7P_3$

(2)　4個の数字1，2，3，4の中から異なる数字を用いてできる3桁の整数は何個あるか。

(3)　男子4人，女子3人が1列に並ぶとき，女子3人が隣り合う並び方は何通りあるか。

 (解) (1) (i) $_3P_3 = 3! = 3 \times 2 \times 1 = \mathbf{6}$　←公式①③

(ii) $_7P_3 = 7 \times 6 \times 5 = \mathbf{210}$　←$7 \cdot 6 \cdot 5 \cdot 4$ は誤り

(2)　異なる4個のものから3個を取り出して並べる順列の総数であるから，

$_4P_3 = 4 \times 3 \times 2 = \mathbf{24}$（個）　←公式③，$n=4$，$r=3$ を代入

4個の数字から，百の位は4通り，十の位は残りの3通り，一の位は残りの2通りと考えてもよい

(3)　女子3人をまとめて1人と考えて，

男子と合わせて5人が1列に並ぶとき，

並び方は，$_5P_5$ 通り

また，女子3人の並び方は $_3P_3$ 通り

よって，求める並び方は，

$_5P_5 \times _3P_3 = 5! \times 3!$　←$_5P_5$ 通りのおのおのに対して，$_3P_3$ 通り

$= 5 \cdot 4 \cdot 3 \cdot 2 \cdot 1 \times 3 \cdot 2 \cdot 1$

$= \mathbf{720}$（通り）

問3 (1)　次の値を求めよ。

(i) $_4P_4$　　(ii) $_6P_3$

(2)　5個の数字1，2，3，4，5の中から異なる数字を用いてできる2桁の整数は何個あるか。

(3)　男子3人，女子2人が1列に並ぶとき，女子2人が隣り合う並び方は何通りあるか。

(解) (1) (i) $_4P_4 =$

(ii) $_6P_3 =$

(2)

(3)

練習6 9人の委員の中で委員長，副委員長，書記をそれぞれ1名ずつ選ぶとき，何通りの場合があるか。

練習7 a，b，c，d，e の5文字を横1列に並べるとき，次のような並べ方は，何通りあるか。

(1) a がいちばん左にある並べ方

(2) b，c，d が隣り合う並べ方

(3) b，c，d のいずれか2文字が両端にくる並べ方

(4) b，c，d のどの文字も隣り合わない並べ方

練習8 5個の数字 0，1，2，3，4 の中から異なる数字を用いてできる3桁の整数について，次の各問いに答えよ。

(1) 全部で何個できるか

(2) 奇数は何個できるか

ヒント 3桁の整数より百の位には0は使えない

4 円順列，重複順列

◆ 円順列，重複順列

① 異なる n 個のものを円形に並べた**円順列**の総数は，$(n-1)!$

② 異なる n 個のものから同じものを何度取ってもよいとして，r 個取って並べた**重複順列**の総数は，n^r

例4 (1) 男子4人，女子3人の7人が手をつないで輪をつくる。

(i) 何通りの輪ができるか

(ii) 女子3人が隣り合うような並び方は何通りあるか

(2) 5つの数字1，2，3，4，5を使って3桁の整数をつくる。ただし，同じ数字を繰り返し用いてもよいとする。

(i) 全部でいくつの整数ができるか

(ii) 偶数はいくつできるか

解 (1) (i) $(7-1)!$　←7個の異なるものの円順列の総数

$=6!=6\cdot5\cdot4\cdot3\cdot2\cdot1=$**720**（通り）

(ii) 女子3人をまとめて1人とみなし，計5人が輪をつくると，$(5-1)!$

$=4!$通りある。

そのおのおのに対して女子3人の並び方は3!通りあるから，

$4!\times3!=$**144**（通り）←おのおのに対して→積の法則

(2) (i) 100の位は5通り，そのおのおのに対して10の位も5通り，そのおのおのに対して1の位も5通りの数字が使えるから，

←100の位 10の位 1の位
○ ○ ○
5通り×5通り×5通り

$5^3=$**125**（個）

(ii) 100の位は5通り，10の位も5通り，1の位は2，4のいずれかであるから，

←100の位 10の位 1の位
○ ○ ○
5通り 5通り 2通り

$5^2\times2=$**50**（個）

問4 (1) 男子3人，女子2人が円卓にすわる。

(i) 何通りのすわり方があるか

(ii) 女子2人が隣り合うようなすわり方は何通りあるか

(2) 3つの数字1，2，3を使って5桁の整数をつくる。ただし，同じ数字を繰り返し用いてもよいとする。

(i) 全部でいくつの整数ができるか

(ii) 奇数はいくつできるか

解 (1) (i)

(ii)

(2) (i)

(ii)

練習9 ▶ 男子6人, 女子2人の8人が円形のテーブルに着席するとき, 次のような並び方は何通りあるか。

(1) 女子2人が向かい合う

ヒント　女子1人と男子6人が輪になってから, もう1人の女子を入れる

(2) 女子の両隣りに男子がいる

ヒント　男子6人が輪になって, 間に女子2人が入る

練習10 ▶ 3つの文字 a, b, c を何度使ってもよいとして並べた文字列をつくるとき, 次の場合は何通りあるか。

(1) ちょうど4個を並べる

(2) 1個以上4個まで並べられる

練習11 ▶ 6人が A, B 2つの部屋に入るとき, 次の場合は何通りあるか。

(1) 1人も入らない部屋があってもよい

(2) A, B には少なくとも1人は入る

5　組合せ

◇ **組合せの総数 $_nC_r$**

① 異なる n 個のものから異なる r 個を選んだものを，n 個から r 個取った**組合せ**といい，その総数を $_nC_r$ で表す。

② $_nC_r = \dfrac{_nP_r}{r!} = \dfrac{n(n-1)(n-2)\cdots(n-r+1)}{r(r-1)\cdots 2\cdot 1}$ ，$_nC_0 = 1$，$_nC_n = 1$

③ **性質** $_nC_r = {}_nC_{n-r}$

例5 (1)　次の値を求めよ。

(i)　$_6C_2$　　(ii)　$_8C_6$

(2)　男子 7 人と女子 5 人からなるグループから 3 人の代表を選ぶとき，次の場合は何通りあるか。

(i)　男女を問わず選ぶ

(ii)　男子 2 人と女子 1 人を選ぶ

(iii)　少なくとも 1 人は女子を含む

(1)　(i)　$_6C_2 = \dfrac{6\cdot 5}{2\cdot 1} = \mathbf{15}$

(ii)　$_8C_6 = {}_8C_2 = \dfrac{8\cdot 7}{2\cdot 1} = \mathbf{28}$　←$_nC_r = {}_nC_{n-r}$

(2)　(i)　計 12 人から 3 人を選ぶから，

$_{12}C_3 = \dfrac{12\cdot 11\cdot 10}{3\cdot 2\cdot 1} = \mathbf{220}$（通り）

(ii)　男子 2 人の選び方は $_7C_2$ 通りあり，そのおのおのに対して女子 1 人の選び方は $_5C_1$ 通りあるから，

$_7C_2 \times {}_5C_1 = \dfrac{7\cdot 6}{2\cdot 1} \times \dfrac{5}{1}$　←積の法則

$= \mathbf{105}$（通り）

(iii)　3 人とも男子を選ぶ方法は $_7C_3$ 通りあるから，少なくとも 1 人は女子を含むのは，

↑　3 人とも男子ではない場合

$_{12}C_3 - {}_7C_3 = 220 - \dfrac{7\cdot 6\cdot 5}{3\cdot 2\cdot 1}$　←(i)で求めた数から男子だけ選ぶ場合の数をひく

$= 220 - 35 = \mathbf{185}$（通り）

問5 (1)　次の値を求めよ。

(i)　$_6C_3$　　(ii)　$_{100}C_{98}$

(2)　男子 4 人と女子 6 人からなるグループから 4 人の代表を選ぶとき，次の場合は何通りあるか。

(i)　男女を問わず選ぶ

(ii)　男女各 2 人ずつ選ぶ

(iii)　少なくとも 1 人は男子を含む

(1)　(i)　$_6C_3 =$

(ii)　$_{100}C_{98} =$

(2)　(i)

(ii)

(iii)

練習12 ▶ 正七角形の頂点を結ぶとき，次の数を求めよ。

(1) 正七角形の頂点でつくる三角形の個数　　(2) 対角線の本数（ただし，辺は除く）

練習13 ▶ 右図のように，4本の平行線と6本の平行線とが交わっているとき，平行線によってつくられる平行四辺形の個数を求めよ。

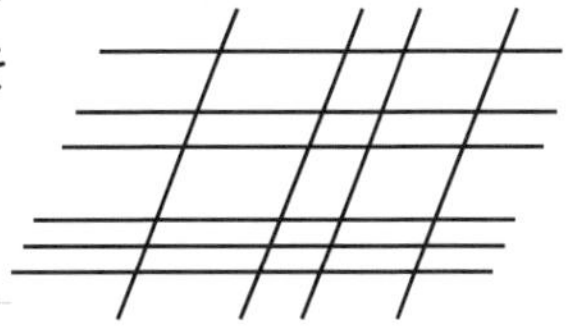

練習14 ▶ 次の等式を満たす n の値を求めよ。

(1) $_nC_2 = 45$　　　　　　　　　　(2) $_nC_2 = {}_nC_3$　（$n \geqq 3$）

練習15 ▶ A君を含む8人の生徒から5人を選ぶとき，次のような選び方は何通りあるか。

(1) A君を含む　　　　　　　　　　(2) A君を含まない

6　グループ分け

◆ グループの区別がつく場合とつかない場合

$n = 3p$ のとき

① n 人を A，B，C の 3 部屋に p 人ずつ入れる（グループの区別がつく）方法は
$$_nC_p \cdot {}_{n-p}C_p \cdot {}_{n-2p}C_p \ （通り）$$

② n 人を p 人ずつの 3 組に分ける（グループの区別がつかない）方法は
$$\frac{_nC_p \cdot {}_{n-p}C_p \cdot {}_{n-2p}C_p}{3!} \ （通り）$$

例 6 6 冊の異なる本を，次のようにする方法は何通りあるか。

(1) 1 冊，2 冊，3 冊に分ける。

(2) 2 冊ずつ 3 人の子ども A，B，C に配る。

(3) 2 冊ずつの 3 つに分ける。

 解

(1) 1 冊を選ぶ方法は $_6C_1$ 通り，残りの 5 冊から 2 冊を選ぶ方法は $_5C_2$ 通り，残るのは 3 冊であるから，

$$\underset{\sim\sim\sim\sim\sim\sim\sim\sim\sim}{_6C_1 \times {}_5C_2 (\times {}_3C_3)} = 6 \times \frac{5 \cdot 4}{2 \cdot 1} (\times 1)$$

↑ $_6C_1 \times {}_6C_2 \times {}_6C_3$ ではないので注意！

$= 60$（通り）

(2) A に配る 2 冊を選ぶ方法は $_6C_2$ 通り，残りの 4 冊から B に配る 2 冊を選ぶ方法は $_4C_2$ 通り，C には残りの 2 冊を配ればよいから，

$$_6C_2 \times {}_4C_2 (\times {}_2C_2)$$

$$= \frac{6 \cdot 5}{2 \cdot 1} \times \frac{4 \cdot 3}{2 \cdot 1} (\times 1)$$

$= 90$（通り）

(3) (2)で，A，B，C の区別をなくすと

<u>同じものが 3！通りずつできる</u>から，
↑

分け方は

本を 1 巻～6 巻とすると，下のような分け方は，A，B，C の区別をなくすと同じになる

$$\frac{90}{3!} = 15 （通り）$$

A　　B　　C
1, 2 巻　3, 4 巻　5, 6 巻
1, 2 巻　5, 6 巻　3, 4 巻　} 3！＝
　⋮　　　⋮　　　⋮　　　6（通り）

問 6 9 個の異なるクッキーを，次のようにする方法は何通りあるか。

(1) 2 個，3 個，4 個に分ける。

(2) 3 個ずつ 3 人の子ども A，B，C に配る。

(3) 3 個ずつの 3 つに分ける。

解

(1)

(2)

(3)

練習16 12人の生徒を次のように分ける方法は何通りあるか。

(1) 4人と8人の2組に分ける

(2) 3人，4人，5人の3組に分ける

(3) 6人ずつ A，B の2組に分ける

(4) 6人ずつの2組に分ける

(5) 4人ずつの3組に分ける

(6) 5人，5人，2人の3組に分ける

(7) 2人ずつの3組と3人ずつの2組に分ける

7 同じものを含む順列

同じものを含む順列の総数

n 個のものの中に，p 個，q 個，r 個，…ずつ同じものがあるとき，これら n 個のものを1列に並べる**順列**の総数は

$$\frac{n!}{p!\,q!\,r!\cdots} \quad (\text{ただし，}p+q+r+\cdots=n)$$

または，n 個の場所から p 個のものをおく場所を選び（${}_nC_p$ 通り），残りの $n-p$ 個の場所から q 個のものをおく場所を選び（${}_{n-p}C_q$ 通り），… と考えて，

$${}_nC_p \times {}_{n-p}C_q \times \cdots$$

を計算してもよい。

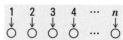

例 7 (1)　1，1，1，2，2，3 の6個の数字をすべて使ってできる6桁の整数の個数を求めよ。

(2)　右図のような道があるとき，A から B へ行く最短距離の道順は何通りあるか。

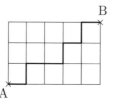

問 7 (1)　success の7文字すべてを1列に並べるとき，並べ方は何通りあるか。

(2)　右図のような道があるとき，A から B へ行く最短距離の道順は何通りあるか。

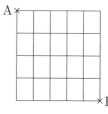

解 (1)　1が3個，2が2個，3が1個

より，$\dfrac{6!}{3!\times2!\times1!}=60$（個）

別解　6個の場所から3をおく1ヵ所を選ぶ

$${}_6C_1\times{}_5C_2(\times{}_3C_3)$$

残りの5個の場所から2をおく2ヵ所を選ぶ

$$=6\times\frac{5\times4}{2\times1}(\times1)=60\text{（個）}$$

(2)　右，上にそれぞれ1区画進むことを →，↑ で表すと，A から B への最短の道順は5個の→と3個の↑を1列に並べる順列になるから，上図の太線の場合は

$$\to\uparrow\to\to\uparrow\to\uparrow\to$$

その総数は

$$\frac{8!}{5!\times3!}=56\text{（通り）}$$

別解　8個の場所から↑をおく3ヵ所を選ぶ

$${}_8C_3(\times{}_5C_5)=\frac{8\times7\times6}{3\times2\times1}=56\text{（通り）}$$

解 (1)

(2)

練習17 ▶ GOUKAKU の 7 文字について，次の並べ方は何通りあるか。

(1) 7 文字を 1 列に並べる

(2) G と K が偶数番目にあるように 1 列に並べる

練習18 ▶ 6 個の数字 0，1，1，2，2，2 について，次の並べ方は何通りあるか。

(1) 1 列に並べるとき，先頭が 0 であるもの

(2) 6 桁の整数になるもの

練習19 ▶ 右図のような道があるとき，A から B へ行く最短距離の
道順は，次の場合には何通りあるか。

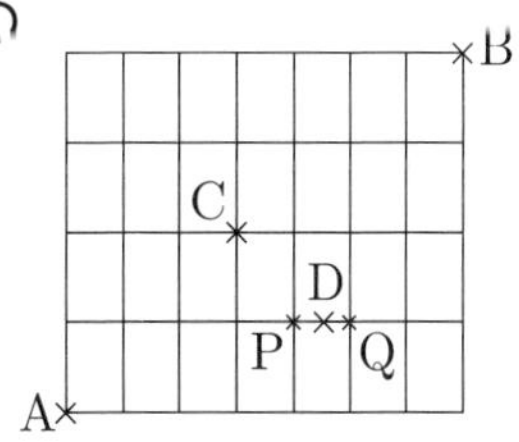

(1) C を通る場合

(2) D が工事中で通れない場合

8　事象と確率

試行と事象，確率

① ある特定の条件で繰り返すことができ，偶然によって結果が決まる実験などを**試行**といい，その結果起こることがらを**事象**という。また，1つの要素からなる事象を**根元事象**という。

② どの根元事象も同様に確からしいとき，事象 A の起こる確率 $P(A)$ は，

$$P(A) = \frac{\text{事象 } A \text{ の起こる場合の数}}{\text{起こりうるすべての場合の数}}$$

例8 (1)　2個のさいころを同時に投げるとき，次の確率を求めよ。
(ⅰ)　目の和が 4 になる確率
(ⅱ)　目の差が 4 になる確率

(2)　赤玉 2 個と白玉 4 個が入っている袋から 3 個の玉を同時に取り出すとき，赤玉 1 個と白玉 2 個が出る確率を求めよ。

解　(1)　2 個のさいころの目の出方は，

$6^2 = 36$ 通りある。←起こりうる
　　　　　　　　　すべて場合の数

(ⅰ)　目の和が 4 になるのは，←事象A

$(1,\ 3),\ (2,\ 2),\ (3,\ 1)$　←2個のさいころを区別して考える

の 3 通りであるから確率は，

$$\frac{3}{36} = \frac{1}{12} \leftarrow P(A) = \frac{\text{事象}A\text{の起こる場合の数}}{\text{起こりうるすべての場合の数}}$$

(ⅱ)　目の差が 4 になるのは，←事象B

$(1,\ 5),\ (2,\ 6),\ (5,\ 1),\ (6,\ 2)$

の 4 通りであるから確率は，　$\overset{P(B)}{\frac{4}{36}} = \frac{1}{9}$

(2)　合わせて 6 個の玉から 3 個を取り出すのは ${}_6C_3$ 通りあって，赤玉 1 個と白玉 2 個が出る場合は，${}_2C_1 \times {}_4C_2$ 通りあるから，求める確率は，
　　　　　　　　　　　　　↑
　　　　　　　　　　すべての玉を
　　　　　　　　　　区別して考える

$$\frac{{}_2C_1 \times {}_4C_2}{{}_6C_3} = \frac{2 \times 6}{20} = \frac{3}{5}$$

問8 (1)　2個のさいころを同時に投げるとき，次の確率を求めよ。
(ⅰ)　目の和が 5 になる確率
(ⅱ)　目の積が 4 になる確率

(2)　黒玉 4 個と白玉 3 個が入っている袋から 4 個の玉を同時に取り出すとき，黒玉 3 個と白玉 1 個が出る確率を求めよ。

解　(1)

(ⅰ)

(ⅱ)

(2)

練習20 ▶ 男子 4 人と女子 3 人が 1 列に並ぶとき，次の確率を求めよ。

(1) 女子 3 人が隣り合う確率

(2) 両端に男子がくる確率

練習21 ▶ 3 枚の硬貨を同時に投げるとき，次の確率を求めよ。

(1) 3 枚とも裏が出る確率

(2) 表が 2 枚，裏が 1 枚出る確率

練習22 ▶ E，N，O，T の 4 文字を次のように並べるとき，NOTE という並びができる確率を求めよ。

(1) 4 文字を自由に 1 列に並べる

(2) 母音字(E，O)が 2 番目と 4 番目にくるように 1 列に並べる

9　確率の基本性質

⚠ 和事象と余事象の確率

① 2つの事象 A，B について，

　A と B がともに起こる事象を**積事象**といい，$A \cap B$ で表す。

　A または B が起こる事象を**和事象**といい，$A \cup B$ で表す。

また，$P(A \cup B) = P(A) + P(B) - P(A \cap B)$ が成り立つ。

特に，A と B が同時に起こらないとき，A と B は**排反（事象）である**といい，

　$P(A \cup B) = P(A) + P(B)$ （**加法定理**）が成り立つ。

② 事象 A について，A が起こらない事象を A の**余事象**といい，$\overline{A}$ で表す。

また，$P(\overline{A}) = 1 - P(A)$ が成り立つ。

例9 (1)　1組のトランプ 52 枚の中から 1 枚のカードをひくとき，スペードまたは絵札である確率を求めよ。

(2)　赤玉 4 個と白玉 6 個が入った袋から 3 個の玉を同時に取り出すとき，次の確率を求めよ。

(ⅰ)　3 個とも同じ色である確率

(ⅱ)　少なくとも 1 個は赤玉である確率

解 (1)　スペードは 13 枚，絵札は 12 枚，ス

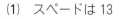 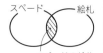
スペード　　　絵札
スペードの絵札

ペードの絵札は 3 枚あるから， ←絵札は J（ジャック），Q（クイーン），K（キング）

$$\frac{13}{52} + \frac{12}{52} - \frac{3}{52} = \frac{22}{52} = \frac{11}{26}$$

(2)　合わせて 10 個の玉から 3 個を取り出すのは，$_{10}C_3$ 通りある。

(ⅰ)　3 個とも赤玉または白玉の場合であり，互いに排反であるから，

$$\frac{_4C_3}{_{10}C_3} + \frac{_6C_3}{_{10}C_3} = \frac{4}{120} + \frac{20}{120} = \frac{24}{120} = \frac{1}{5}$$

(ⅱ)　「少なくとも 1 個は赤玉が出る」事象の余事象は「3 個とも白玉が出る」事象より， ←㊛3, ㊛2個1, ㊛1個2, ㊥3

$$1 - \frac{_6C_3}{_{10}C_3} = 1 - \frac{20}{120} = 1 - \frac{1}{6} = \frac{5}{6}$$

問9 (1)　1組のトランプ 52 枚の中から 1 枚のカードをひくとき，ハートまたはエースである確率を求めよ。

(2)　白玉 3 個と青玉 4 個が入った袋から 2 個の玉を同時に取り出すとき，次の確率を求めよ。

(ⅰ)　2 個とも同じ色である確率

(ⅱ)　少なくとも 1 個は青玉である確率

解 (1)

(2)

(ⅰ)

(ⅱ)

練習23 ▶ 1から50までの番号をつけた50枚のカードから1枚抜き取るとき，その番号が4の倍数または5の倍数である確率を求めよ。

練習24 ▶ 大小2個のさいころを投げるとき，次の確率を求めよ。

(1) 目の和が5の倍数になる確率

(2) 出る目が異なる確率

練習25 ▶ 赤玉2個，白玉3個，黒玉5個が入った袋から，3個の玉を同時に取り出すとき，次の確率を求めよ。

(1) 3個とも同じ色である確率

(2) 3個とも異なる色である確率

練習26 ▶ 3個の不良品が含まれている12個の製品の中から，3個の製品を選び出すとき，少なくとも1個不良品が含まれる確率を求めよ。

10　独立な試行の確率

⚠ 独立な試行

2つの試行 T_1，T_2 が互いに他方の結果に影響を及ぼさないとき，T_1 と T_2 は独立であるという。

このとき，T_1 の事象 A と T_2 の事象 B がともに起こる確率は，

$$P(A) \times P(B)$$

例10 (1)　1個のさいころと1枚の硬貨を投げるとき，さいころは3以上の目が出て，硬貨は表が出る確率を求めよ。

(2)　1個のさいころを続けて3回投げるとき，3回とも3の倍数の目が出る確率を求めよ。

 (1)　さいころを投げて3以上の目が

出る確率は，

$$\frac{4}{6} = \frac{2}{3}$$
　　　　←3以上の目は3, 4, 5, 6の4通り

硬貨を投げて表が出る確率は，$\frac{1}{2}$

よって，求める確率は，

$$\frac{2}{3} \times \frac{1}{2} = \frac{1}{3}$$
　　　←さいころを投げることと硬貨を投げることは独立な試行

(2)　さいころを1回投げて3の倍数の目

が出る確率は，

$$\frac{2}{6} = \frac{1}{3}$$
　　　　←3の倍数の目は3と6の2通り

よって，3回とも3の倍数の目が出る

確率は，

$$\frac{1}{3} \times \frac{1}{3} \times \frac{1}{3} = \left(\frac{1}{3}\right)^3 = \frac{1}{27}$$

↑3つ以上の試行 T_1，T_2，T_3，…において，どの試行も他の試行に影響を及ぼさないときには，それらの試行は独立であるという
さいころを繰り返し投げるとき，各回の試行は独立である

問10 (1)　1個のさいころと1枚の硬貨を投げるとき，さいころは2以下の目が出て，硬貨は裏が出る確率を求めよ。

(2)　1個のさいころを続けて3回投げるとき，1回目は1，2回目は偶数，3回目は5以上の目が出る確率を求めよ。

 (1)

(2)

練習27 白玉 3 個と赤玉 2 個が入った袋から玉を 1 個取り出して，色を調べてからもとに戻すことを 2 回続けて行うとき，次の確率を求めよ。

(1) 2 回とも赤玉が出る確率

(2) 1 回目に赤玉，2 回目に白玉が出る確率

(3) 同じ色の玉が出る確率

練習28 3 人の弓道部員 A，B，C が的（まと）に命中させる確率は，それぞれ $\frac{3}{4}$，$\frac{2}{3}$，$\frac{1}{2}$ であるという。この 3 人が 1 回ずつ矢を射るとき，次の確率を求めよ。

(1) 3 人とも的に命中する確率

(2) A だけが的に命中する確率

(3) 1 人だけが的に命中する確率

(4) 少なくとも 1 人は的に命中する確率

11 反復試行の確率

⚠ 反復試行の確率

　1回の試行で事象 A の起こる確率を p とする。この試行を n 回繰り返し行うとき，事象 A がちょうど r 回起こる確率は

$$_nC_r\, p^r(1-p)^{n-r}$$

例11 (1)　1枚のコインを5回投げるとき，表が2回出る確率を求めよ。

(2)　白玉1個と赤玉2個が入った袋から玉を1個取り出し，色を調べてもとに戻すことを4回続けて行うとき，次の確率を求めよ。

(i)　赤玉がちょうど2回出る確率

(ii)　白玉が3回以上出る確率

解　(1)　コインを1回投げるとき，表が

出る確率は $\dfrac{1}{2}$ であるから，

$_5C_2\left(\dfrac{1}{2}\right)^2\left(1-\dfrac{1}{2}\right)^3$　←裏が出る確率は $\dfrac{1}{2}$
　　　　　　　　　　　　　　裏は3回出るので，
　　　　　　　　　　　　　　その確率も考える。
$=10\times\dfrac{1}{4}\times\dfrac{1}{8}=\dfrac{5}{16}$　$_5C_2\left(\dfrac{1}{2}\right)^2$ としないこと

(2)　(i)　玉を1回取り出すとき，赤玉が

出る確率は $\dfrac{2}{3}$ であるから，

$_4C_2\left(\dfrac{2}{3}\right)^2\left(1-\dfrac{2}{3}\right)^2$　←白玉が出る確率は $\dfrac{1}{3}$
　　　　　　　　　　　　　　白玉も2回出る
$=_4C_2\left(\dfrac{2}{3}\right)^2\left(\dfrac{1}{3}\right)^2$

$=6\times\dfrac{4}{9}\times\dfrac{1}{9}=\dfrac{8}{27}$

(ii)　白玉が3回または4回出る場合で

あるから，　←3回以上だから3回と4回を考える

$_4C_3\left(\dfrac{1}{3}\right)^3\left(\dfrac{2}{3}\right)+_4C_4\left(\dfrac{1}{3}\right)^4$　←排反だからたし算

$=4\times\dfrac{1}{27}\times\dfrac{2}{3}+\dfrac{1}{81}=\dfrac{9}{81}=\dfrac{1}{9}$

問11 (1)　さいころを4回投げるとき，偶数の目が2回出る確率を求めよ。

(2)　赤玉3個と黒玉1個が入った袋から玉を1個取り出し，色を調べてもとに戻すことを5回続けて行うとき，次の確率を求めよ。

(i)　赤玉がちょうど3回出る確率

(ii)　黒玉が4回以上出る確率

解　(1)

　　　　　　　　　　

(2)　(i)

(ii)

練習29 数直線上を動く点 P が原点にある。さいころを投げて 4 以下の目が出たら正の向きに 2，他の目が出たら負の向きに 1 だけ進むものとする。さいころを 6 回投げたとき，次の各問いに答えよ。

(1) 4 以下の目が x 回出たとするとき，点 P の座標を x の式で表せ。

(2) 点 P が原点にある確率を求めよ。

(3) 点 P が座標 3 にある確率を求めよ。

練習30 白玉 2 個，赤玉 1 個が入った袋から玉を 1 個取り出し，色を調べてもとに戻すこの試行を 5 回繰り返して行うとき，次の確率を求めよ。

(1) ちょうど 3 回白玉が出る確率

(2) 5 回目に 3 度目の白玉が出る確率

(3) 白玉が 2 回以上出る確率

12 条件つき確率

⚠ 条件つき確率，乗法定理

２つの事象 A，B について

① A が起こったという条件のもとで B が起こる確率を

A が起こったときの B の**条件つき確率**といい，$P_A(B)$ で表す。 ← $P_A(B) = \dfrac{n(A \cap B)}{n(A)}$

事象 A を全事象と考えて

② 積事象の確率 $P(A \cap B)$ について ← 積事象：A と B がともに起こる事象

$P(A \cap B) = P(A) \times P_A(B)$ （**乗法定理**）が成り立つ。

例12 (1)　男子６人，女子４人のうち自転車通学者はそれぞれ４人，２人であった。１人を選ぶとき，次を求めよ。

(i)　自転車通学者である確率

(ii)　男子であるとわかったとき，自転車通学者である確率

(2)　赤玉３個と白玉４個が入っている袋から玉を１個取り出し，それをもとに戻さないでもう１個取り出すとき，２個とも白玉である確率を求めよ。

問12 (1)　男子５人，女子７人のうち電車通学者はそれぞれ３人，４人であった。１人を選ぶとき，次を求めよ。

(i)　電車通学者である確率

(ii)　女子であるとわかったとき，電車通学者である確率

(2)　赤玉５個と白玉４個が入っている袋から玉を１個取り出し，それをもとに戻さないでもう１個取り出すとき，２個とも赤玉である確率を求めよ。

（解）　(1)　(i)　10人のうち自転車通学者は

６人いるから，$\dfrac{6}{10} = \dfrac{3}{5}$ ←男女合わせて 10 人の中で考える

(ii)　男子６人のうち自転車通学者は４

人いるから，$\dfrac{4}{6} = \dfrac{2}{3}$ ←男子であるとわかったので男子６人の中で考える

(2)　１回目，２回目に取り出した玉が白

玉である事象をそれぞれ A，B とする

と，２個とも白玉である事象は $A \cap B$

である。 ↑１回目が白(A)かつ２回目が白(B)

$P(A) = \dfrac{4}{7}$，$P_A(B) = \dfrac{3}{6} = \dfrac{1}{2}$

↓白玉は１個取り出されている

↑１回目に白が出た(A)ことがわかっているとき，２回目も白が出る(B)確率 ↖１回目に１個取り出されている

であるから

$P(A \cap B) = P(A) \times P_A(B)$ ←乗法定理

$= \dfrac{4}{7} \times \dfrac{1}{2} = \dfrac{2}{7}$

（解）　(1)　(i)

(ii)

(2)

練習31 ▶ 1から10までの整数が書かれたカードが1枚ずつある。1枚取り出すとき，10の約数である事象を A，奇数である事象を B とする。次の確率を求めよ。

(1) $P(A)$

(2) $P_A(B)$

(3) $P_B(A)$

(4) $P(A \cap B)$

練習32 ▶ 白玉3個と赤玉5個が入っている袋から1個ずつ2回取り出す。次の場合について，白玉と赤玉が1個ずつとなる確率を求めよ。

(1) 1回目に取り出した玉をもとに戻す

(2) 1回目に取り出した玉をもとに戻さない

練習33 ▶ 9本のくじに当たりが2本入っている。A，B，Cの3人がこの順にくじを引くとき，次の確率を求めよ。ただし，引いたくじはもとに戻さないとする。

(1) A が当たる確率

(2) B が当たる確率

(3) A と C が当たり，B がはずれる確率

(4) C が当たる確率

13 期待値

⚠️ **期待値**

　　ある試行によって値の決まる数量 X があり，そのとりうる値 x_1, x_2, x_3, ……, x_n とそれぞれの値を取る確率 p_1, p_2, p_3, ……, p_n （ただし $p_1+p_2+p_3+……+p_n=1$）が右の表のようになっているとき，

X	x_1	x_2	……	x_n	計
確率	p_1	p_2	……	p_n	1

$$x_1p_1+x_2p_2+x_3p_3+……+x_np_n$$

をこの数量 X の**期待値**という。

例13 2枚のコインを投げるとき，表の出る枚数を X とする。

(1) X の値に対してその確率を求め表を完成せよ。

(2) X の期待値を求めよ。

 解 (1)（i）2枚とも裏である確率は

$$\frac{1}{2}\times\frac{1}{2}=\frac{1}{4} \qquad \leftarrow (裏,裏)$$

(ii) 表が1枚だけ出る確率は

$$\frac{1}{2}\times\frac{1}{2}+\frac{1}{2}\times\frac{1}{2}=\frac{1}{2} \leftarrow (表,裏),(裏,表)$$

(iii) 2枚とも表である確率は

$$\frac{1}{2}\times\frac{1}{2}=\frac{1}{4} \qquad \leftarrow (表,表)$$

であるから，下表のようになる。

X	0	1	2	計
確率	$\frac{1}{4}$	$\frac{1}{2}$	$\frac{1}{4}$	1

(2) X の期待値は

$$0\cdot\frac{1}{4}+1\cdot\frac{1}{2}+2\cdot\frac{1}{4}=1(枚)$$

問13 3枚のコインを投げるとき，表の出る枚数を X とする。

(1) X の値に対してその確率を求め表を完成せよ。

(2) X の期待値を求めよ。

解 (1)

X	0	1	2	3	計
確率					1

(2)

練習34 ▶ 1個のさいころを投げるとき，出る目の期待値を求めよ。

練習35 ▶ 白玉2個と赤玉3個が入った袋から，3個の玉を同時に取り出すとき，取り出される白玉の個数の期待値を求めよ。

練習36 ▶ 1等500円が1本，2等200円が2本入った10本のくじがある。このくじを1本引くときの賞金額の期待値を求めよ。また，100円払ってこのくじを引くことは得といえるか。

14 角の二等分線と比

⚠️ 内分・外分，角の二等分線と比

① （i） 線分 AB 上の点 P について，

$$AP : PB = m : n$$

が成り立つとき，**点 P は線分 AB を $m : n$ に内分する**という。

（ii） 線分 AB の延長上の点 Q について，

$$AQ : QB = m : n \quad (m \neq n)$$

が成り立つとき，**点 Q は線分 AB を $m : n$ に外分する**という。

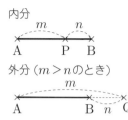

② △ABC において，

（i） ∠A の二等分線と辺 BC との交点を P とすると，

BP : PC = AB : AC

（点 P は辺 BC を AB : AC に内分する）

（ii） ∠A の外角の二等分線と辺 BC の延長との交点を Q とすると，

BQ : QC = AB : AC

（点 Q は辺 BC を AB : AC に外分する）

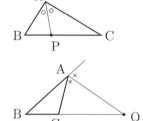

例14（1） 線分 AB を 3 : 1 に内分する点 P と外分する点 Q を図示せよ。

（2） △ABC において，AB＝4，BC＝3，CA＝2 のとき，∠A の二等分線と辺 BC との交点を D とするとき，BD の長さを求めよ。

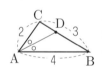

💡**解**

（1）

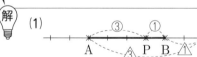

（2） 角の二等分線の性質より，

$$BD : DC = AB : AC \quad ←②(i)$$
$$= 4 : 2 = 2 : 1$$

← よって，BD : BC ＝2 : 3 であるから
3BD＝2BC
BD＝$\frac{2}{3}$BC

よって，

$$BD = \frac{2}{2+1}BC$$

$$= \frac{2}{3} \times 3 = \textbf{2}$$

問14（1） 線分 AB を 1 : 2 に内分する点 P と外分する点 Q を図示せよ。

（2） △ABC において，AB＝6，BC＝7，CA＝8 のとき，∠A の二等分線と辺 BC との交点を D とするとき，CD の長さを求めよ。

💡**解**

（1）

（2）

練習37 下図の線分 AB について，次の点を図示せよ。

(1) (i) AB を 5：3 に内分する点 P (ii) BA を 3：1 に内分する点 Q

(2) (i) AB を 2：5 に外分する点 R (ii) BA を 1：4 に外分する点 S

練習38 △ABC において，AB＝8，BC＝4 とする。∠B の二等分線と辺 AC の交点を D とし，∠A の外角の二等分線と直線 BC の交点を E とする。CD＝2 であるとき，次の線分の長さを求めよ。

(1) AD

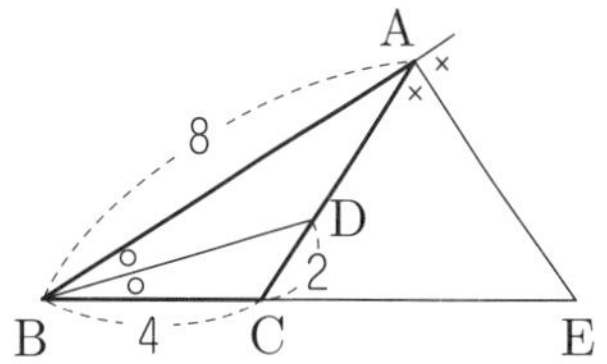

(2) BE

練習39 △ABC において，AB＝7，BC＝5，CA＝3 とする。∠A の二等分線，∠A の外角の二等分線と直線 BC の交点をそれぞれ D，E とするとき，次を求めよ。

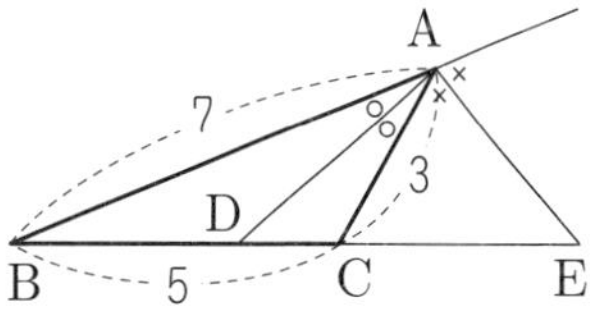

(1) BC：BE (2) DE の長さ

15　外　心

◇ **外　心**

　　三角形の3辺の垂直二等分線は1点Oで交わり，

Oは3頂点から等距離にある。この点Oを**外心**という。

また，外心を中心として3頂点を通る円を**外接円**

という。

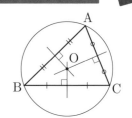

例15 右図において，点Oは△ABCの外心である。

　このとき，角 x，y，z を求めよ。

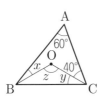

問15 右図において，点Oは△ABCの外心である。

　このとき，角 x，y を求めよ。

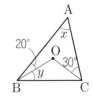

解　点Oは外心であるか

ら，OA＝OB＝OC

よって，△OACは二

等辺三角形であるから，

　∠OAC＝∠OCA

　　　　＝40°　←二等辺三角形に着目しよう

ゆえに，∠OAB＝60°－40°＝20°

△OABは二等辺三角形であるから，

　x＝∠OAB＝**20°**

次に，△OBCは二等辺三角形である

から，∠OBC＝∠OCB＝y

三角形の内角の和は180°であるから，

　60°＋(20°＋y)＋(40°＋y)＝180°

　$2y$＝60°より，y＝**30°**　←△ABCの内角の和

また，△OBCにおいて，

　　$2y$＋z＝180°　より

　　　　z＝180°－60°＝**120°**

別解 （中心角）＝2×（円周角）であるから

　　　　　　　　　←P.41 20 円周角参照

　　∠BOC＝2×∠A

　　　z＝**120°**

練習40 ▶ 次の各図において，点 O は△ABC の外心である。このとき，角 x，y を求めよ。

(1)

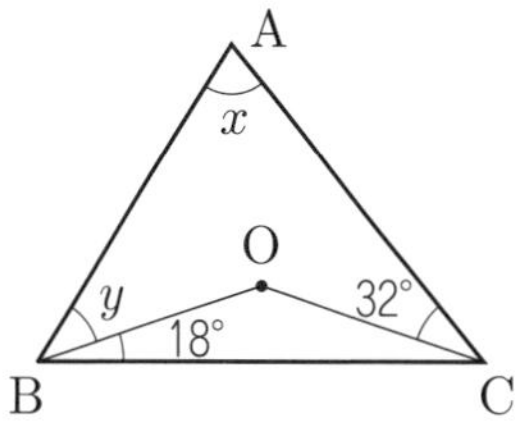

(2)

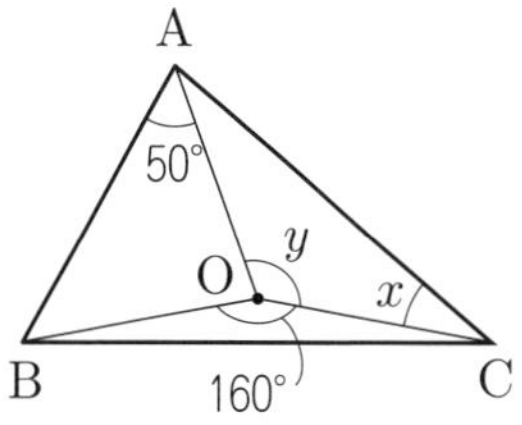

(3)

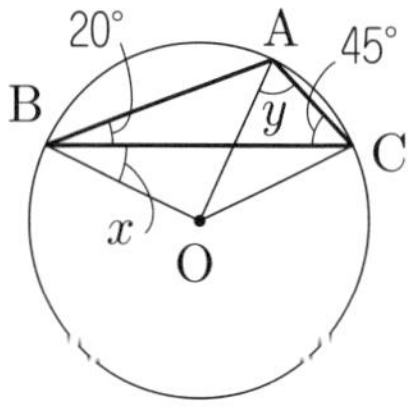

練習41 ▶ △ABC の外心を O とする。直線 AO が∠A の二等分線であるとき，△ABC は二等辺三角形であることを証明せよ。

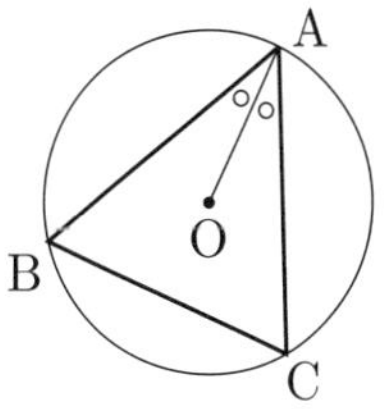

16 内心

⚠ 内心

　　三角形の3つの内角の二等分線は1点Iで交わり，Iは3辺から等距離にある。この点Iを**内心**という。また，内心を中心として3辺に接する円を**内接円**という。

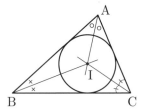

例16 次の図において，点Iは△ABCの内心である。次を求めよ。

(1) 角 x 　　　(2) AI : ID

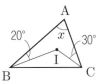 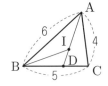

 解

(1) 線分 BI，CI はそれぞれ∠B，∠C の二等分線であるから，

　　∠IBC＝20°，∠ICB＝30°

よって，∠B＝40°，∠C＝60° である。

ゆえに，$x＝180°－(40°＋60°)＝\mathbf{80°}$

(2) 線分 AD は∠A の二等分線であるから，

　　▶内心Iが線分AD上にあるので

BD : DC＝AB : AC 　←角の二等分線の性質

　　　　＝6 : 4

　　　　＝3 : 2

よって，$BD＝\dfrac{3}{3＋2}BC$ 　←BD : BC＝3 : 5

　　　　$＝\dfrac{3}{5}×5＝3$

また，線分 BI は∠B の二等分線であるから，

AI : ID＝BA : BD 　←角の二等分線の性質

　　　＝6 : 3

　　　＝**2 : 1**

問16 次の図において，点Iは△ABCの内心である。次を求めよ。

(1) 角 x 　　　(2) BI : ID

 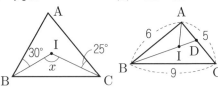

解 (1)

(2)

練習42 ▶ 次の図において，点 I は△ABC の内心である。このとき，角 x を求めよ。

(1)
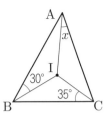

(2)
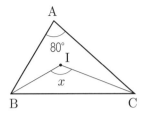

練習43 ▶ 右図において，点 I は△ABC の内心とするとき，次の各問いに答えよ。

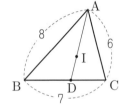

(1) AI : ID を求めよ。

(2) △ABC と△BID の面積比を求めよ。

練習44 ▶ △ABC の内心 I を通り，辺 BC に平行な直線を引き，辺 AB，AC との交点をそれぞれ D，E とする。このとき，BD＋CE＝DE であることを証明せよ。

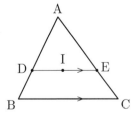

17 重　心

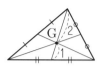

中線，重心

① 三角形の頂点と対辺の中点とを結ぶ線分を**中線**という。

② 三角形の 3 本の中線は 1 点 G で交わり，G は中線を 2：1 に内分する。この点 G を**重心**という。

例 17 (1) 右図において，点 G は △ABC の重心である。辺 AB 上に点 P をとるとき，△BPG と△BPM の面積比を求めよ。

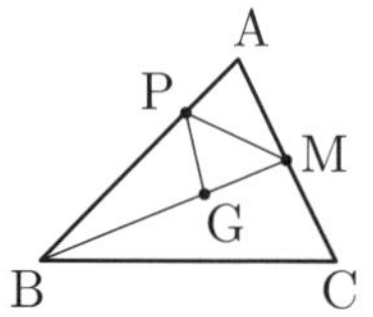

(2) 平行四辺形 ABCD について，△ABC の重心 G と△ADC の重心 G′ は線分 BD 上にあることを示し，BD：GG′ を求めよ。

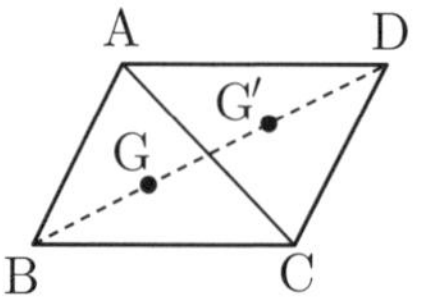

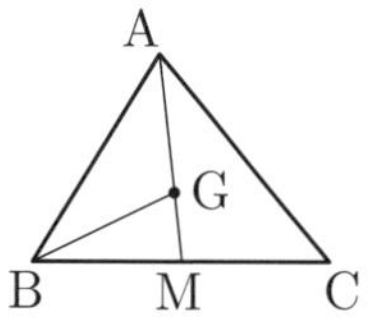

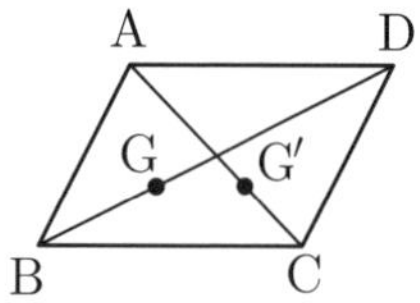

解 (1) 点 G は重心で BG：GM＝2：1

△BPG と△BPM は BG，BM を底辺と考えれば，高さが同じであるから，面積比は底辺の比に等しい。

よって，△BPG：△BPM

＝BG：BM　← BM＝BG＋GM

＝2：(2＋1)＝**2：3**

(2) 線分 BD と AC の交点を O とすると，O は AC の中点であるから，線分 BO と DO はそれぞれ△ABC と△ADC の中線である。

↙ 重心は，中線上にある

よって，G，G′ は線分 BD 上にある。

また，BG：GO＝DG′：G′O＝2：1

BO＝DO であるから，← 点 O は BD の中点

↙ GO＋OG′

BD：GG′＝6：2＝**3：1**

↑ BG＋GO＋OG′＋G′D

問 17 (1) 右図において，点 G は △ABC の重心である。このとき，△ABC と△BGM の面積比を求めよ。

(2) 平行四辺形 ABCD について，△ABC，△BCD の重心をそれぞれ G，G′ とすると，GG′ と BC は平行であることを示し，BC：GG′ を求めよ。

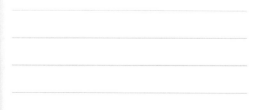

解 (1)

(2)

練習45 △ABC の重心を G，直線 AG と辺 BC との交点を D とするとき，△ABG と△CDG の面積比を求めよ。

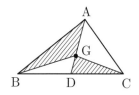

練習46 平行四辺形 ABCD において，対角線 AC と BD の交点を O，辺 AD の中点を E，BE と AC の交点を F とする。AF＝2 のとき，次の各問いに答えよ。

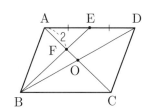

(1) AC の長さを求めよ。

ヒント 点 F は△ABD の…

(2) 平行四辺形 ABCD と△BFO の面積比を求めよ。

第3章 図形の性質

18 メネラウスの定理，チェバの定理

⚠ メネラウスの定理，チェバの定理

① メネラウスの定理

△ABC の頂点を通らない直線 l が，3 直線 AB，BC，CA とそれぞれ点 P，Q，R で交わるとき，

$$\frac{AP}{PB} \times \frac{BQ}{QC} \times \frac{CR}{RA} = 1$$

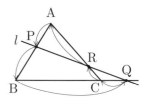

② チェバの定理

△ABC の内部の点 O と 3 頂点 C，A，B を結ぶ直線が，3 辺 AB，BC，CA とそれぞれ点 P，Q，R で交わるとき，

$$\frac{AP}{PB} \times \frac{BQ}{QC} \times \frac{CR}{RA} = 1$$

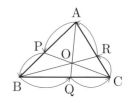

例18 (1) 右図において，AR : RC を求めよ。

(2) 右図において，BQ : QC を求めよ。

問18 (1) 右図において，BQ : QC を求めよ。

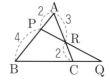

(2) 右図において，AR : RC を求めよ。

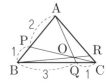

 解 (1) メネラウスの定理より

$$\frac{3}{5} \times \frac{5}{2} \times \frac{CR}{RA} = 1 \quad \leftarrow \frac{A⑤}{P①B} \times \frac{B②Q}{Q③C} \times \frac{C④R}{R⑥A} = 1$$
→のように「しりとり」をする

よって，$\frac{CR}{RA} = \frac{2}{3}$

ゆえに，**AR : RC = 3 : 2**

(2) チェバの定理より

$$\frac{6}{5} \times \frac{BQ}{QC} \times \frac{5}{3} = 1 \quad \leftarrow \frac{A⑤}{P①B} \times \frac{B②Q}{Q③C} \times \frac{C④R}{R⑥A} = 1$$
→のように「しりとり」をする

よって，$\frac{BQ}{QC} = \frac{1}{2}$

ゆえに，**BQ : QC = 1 : 2**

解 (1)

(2)

第3章 図形の性質

練習47 ▶ (1)，(2)の図において，次の線分の比を求めよ。

(1) (i) BD：DC

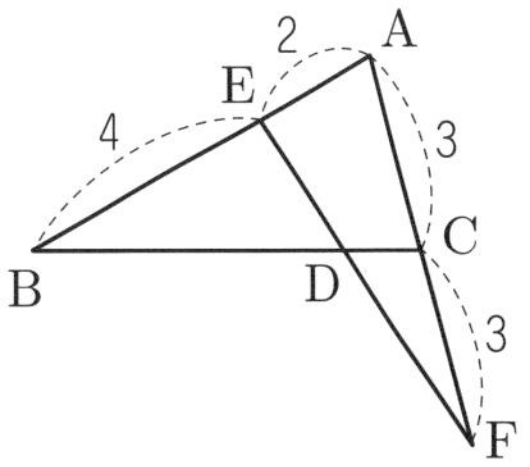

(ii) FD：DE

(2) (i) BQ：QC

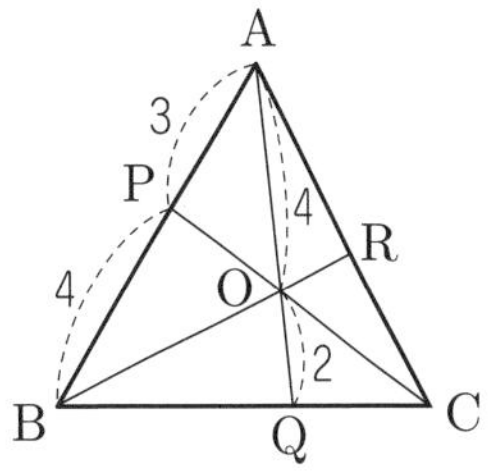

(ii) AR：RC

練習48 ▶ 面積が24の△ABCがある。辺 AB を2：1に内分する点を P，辺 AC を3：1に内分する点を Q とする。また，BQ と CP の交点を R とするとき，次の各問いに答えよ。

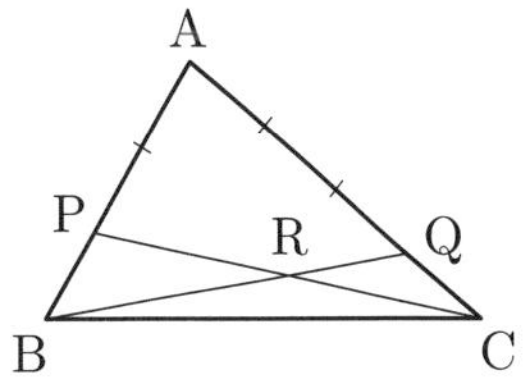

(1) PR：RC を求めよ。

(2) △BCR の面積を求めよ。

19　三角形の辺と角の大小

◇三角形の辺と角の大小

△ABC について，AB＝c，BC＝a，CA＝b とする。

このとき，次のことが成り立つ。

　　　$b+c>a$，　　　$c+a>b$，　　　$a+b>c$

逆に，正の数 a，b，c がこれらの不等式を満たせば，

3 辺の長さが a，b，c である三角形が存在する。

また，辺の長さ b，c の大小関係と対角 ∠B，∠C の大小関係は一致する。つまり，

　　　$b<c \iff \angle B<\angle C$，　　　$b=c \iff \angle B=\angle C$，　　　$b>c \iff \angle B>\angle C$

である。これは c，a と ∠C，∠A および a，b と ∠A，∠B についても成り立つ。

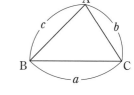

例19 3 辺の長さが次のような三角形は存在するかどうか調べよ。

(1)　3，4，6

(2)　3，4，8

（解）　(1)　$4+6>3$，$6+3>4$，$3+4>6$

が成立するので，**三角形は存在する。**

(2)　$3+4>8$ は成立しないので，**三角形は存在しない。**

問19 3 辺の長さが次のような三角形は存在するかどうか調べよ。

(1)　5，9，6

(2)　5，9，4

（解）　(1)

(2)

練習49　AB＝5，BC＝9，CA＝x であるとき，次の各問いに答えよ。

(1)　△ABC が存在するような x の値の範囲を求めよ。

(2)　(1)のとき，∠A が最大の角であるような x の値の範囲を求めよ。

20 円周角

⚠️ 円周角の定理とその逆

① 円周角の定理

(i) 1つの弧に対する円周角の大きさは等しい。

(ii) （円周角）$=\dfrac{1}{2}\times$（中心角）

② 円周角の定理の逆

2点 P，Q が直線 AB の同じ側にあって，∠APB＝∠AQB
ならば4点 A，B，P，Q は同一円周上にある。

例20 次の図において，角 x，y を求めよ。ただし，点 O は円の中心である。

(1)

(2)

解 (1) ∠ACB，∠AOB はそれぞれ，

$\overset{\frown}{\text{AB}}$ の円周角，中心角であるから，円周角の定理より

$$\angle\text{ACB}=\dfrac{1}{2}\angle\text{AOB} \quad\leftarrow\text{円周角}=\dfrac{1}{2}\times\text{（中心角）}$$

よって，$x=\dfrac{1}{2}\times40°=\textbf{20°}$

(2) ∠BAC＝∠BDC（＝35°）であるから，円周角の定理の逆より，四角形 ABCD は円に内接する。

よって，$\overset{\frown}{\text{CD}}$ に対する円周角は等しいから，$y=\angle\text{CBD}=\textbf{30°}$

問20 次の図において，角 x，y を求めよ。ただし，点 O は円の中心である。

(1)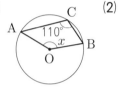

(2)

解 (1)

(2)

練習50 次の図において，角 x を求めよ。ただし，点 O は円の中心である。

(1)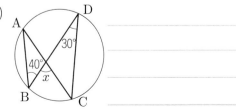

(2)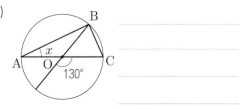

21　円に内接する四角形（1）

⚠️ **円に内接する四角形の性質**

円に内接する四角形について

（ⅰ）　対角の和は180°である。

（ⅱ）　1つの内角とその対角の外角は等しい。

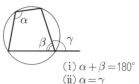

（ⅰ）$\alpha + \beta = 180°$
（ⅱ）$\alpha = \gamma$

例21（1）　次の図において，角 x，y を求めよ。

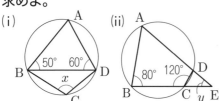

（2）　右図において，**PQ // P′Q′** であることを証明せよ。

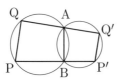

問21（1）　次の図において，角 x，y を求めよ。

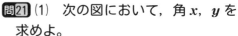

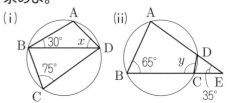

（2）　右図において，**PQ // P′Q′** であることを証明せよ。

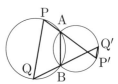

💡**解**　（1）（ⅰ）　△ABD において

$\angle A = 180° - (50° + 60°) = 70°$

四角形 ABCD は円に内接しているから，$\angle A + x = 180°$　←対角の和は 180°

よって，$x = 180° - 70° =$ **110°**

（ⅱ）　四角形 ABCD は円に内接しているから，

$\angle A = 180° - 120° = 60°$　←対角の和は 180°

△ABE において，←三角形の内角の和は 180°

$60° + 80° + y = 180°$ より，$y =$ **40°**

（2）　四角形 ABPQ，四角形 ABP′Q′ は円に内接しているから，

∠AQP =（∠ABP の外角）

$\angle AQP = \angle ABP'$　…①

$\angle ABP' + \angle AQ'P' = 180°$　…②

①，②より，$\angle AQP + \angle AQ'P' = 180°$

↑同側内角の和が 180°

ゆえに，PQ // P′Q′

💡**解**　（1）（ⅰ）

（ⅱ）

（2）

練習51▶　次の各図において，角 x を求めよ。

(1)
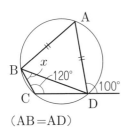
（AB＝AD）

(2)
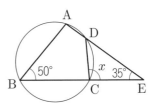

(3)
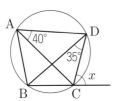

(4)
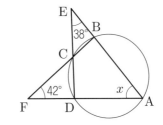

練習52▶　△ABC の外接円と∠A の外角∠CAE の二等分線との交点を D として四角形 ABCD をつくる。このとき，次を証明せよ。

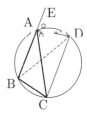

⑴　∠BCD＝∠DAC

⑵　△BCD は二等辺三角形である

22 円に内接する四角形 (2)

⚠ 四角形が円に内接するための条件

次の(ⅰ)または(ⅱ)の条件を満たす四角形は，円に内接する。

(ⅰ) 対角の和が 180°である。

(ⅱ) 1つの内角とその対角の外角が等しい。

例22 (1) 右の四角形 ABCD は円に内接するか調べよ。

(2) 右図において，次のことを証明せよ。

(ⅰ) 四角形 AEDF は円に内接する

(ⅱ) 四角形 BCFE は円に内接する

解 (1) ∠B＋∠D＝170°≒180°

であるから，四角形 ABCD は円に**内接**

しない。←円に内接する四角形⇔対角の和が 180°

(2) (ⅰ) 四角形 AEDF において，

∠AED＋∠AFD＝90°＋90°＝180°

であるから，円に内接する。

(ⅱ) △ACD と△ADF において，

∠CAD＝∠DAF，∠ADC＝∠AFD

（＝90°）であるから，

△ACD∽△ADF ←2角が等しい

よって，∠ACD＝∠ADF …①

また，(ⅰ)より四角形 AEDF の外接円

を考えると，

∠ADF＝∠AEF …② ←$\overparen{AF}$ の円周角

①，②より，∠ACD＝∠AEF

ゆえに，四角形 BCFE は，円に内接

する。 ↑1つの内角とその対角の外角が等しい

問22 (1) 右の四角形 ABCD は円に内接するか調べよ。

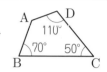

(2) 右図において，次のことを証明せよ。

(ⅰ) 四角形 AEPF は円に内接する

(ⅱ) 四角形 BCFE は円に内接する

解 (1)

(2) (ⅰ)

(ⅱ)

練習53 ▶ 右図のように，△ABC の頂点 B を通る円と頂点 C を通る円が辺 BC 上の点 D で交わっている。

辺 AB，AC と 2 つの円との交点をそれぞれ E，F とし，2 つの円の D 以外の交点を P とするとき，次のことを証明せよ。

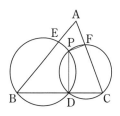

(1)　∠BDP＝∠CFP

(2)　4 点 A，E，P，F は同一円周上にある

練習54 ▶ 右図の正三角形 ABC で辺 AB，AC 上にそれぞれ D，E を∠BCD＝∠ABE となるようにとり，BE と CD の交点を F とするとき，4 点 A，D，F，E は同一円周上にあることを証明せよ。

ヒント　△ABE≡△BCD を示す

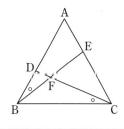

23　接線と弦

⚠ 接線の長さ，接弦定理

① 　円の外部の点 P から，円に接線を引いたとき，点 P
と接点との距離を**接線の長さ**という。**点 P から円に引
いた 2 本の接線の長さは等しい。**

② 　**接弦定理（接線と弦のつくる角の定理）**
　　弦 AB と点 A における接線 AT がつくる角∠BAT は，
その角の内部にある$\overgroup{AB}$に対する円周角∠ACB に等しい。

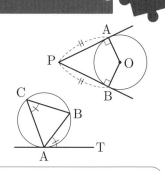

例23 (1)　右図におい
て，△ABC の内接
円と辺 AB，BC，
CA の接点をそれ
ぞれ P，Q，R と
するとき，BP の長さを求めよ。

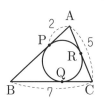

(2)　次の図において，角 x，y を求めよ。

(i) 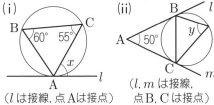　(ii)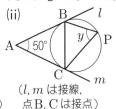

（l は接線，点 A は接点）　（l, m は接線，
　　　　　　　　　　　　　　点 B，C は接点）

問23 (1)　右図におい
て，△ABC の内接
円と辺 AB，BC，
CA の接点をそれ
ぞれ P，Q，R と
するとき，AR の長さを求めよ。

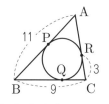

(2)　次の図において，角 x，y を求めよ。

(i) 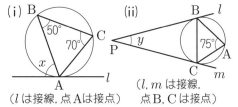　(ii)

（l は接線，点 A は接点）　（l, m は接線，
　　　　　　　　　　　　　　点 B，C は接点）

💡**解**　(1)　線分 AP，AR は点 A から内接

円に引いた接線の長さであるから，

　　　$\underset{\sim\sim\sim\sim\sim}{AR=AP=2}$　←2本の接線の長さは等しい

よって，$CR=AC-AR=3$

同様に，$\underset{\sim\sim\sim\sim\sim}{CQ=CR=3}$ であるから，

　　$BQ=BC-CQ=4$

ゆえに，$\underset{\sim\sim\sim\sim\sim}{BP=BQ}=\mathbf{4}$

(2)　(i)　接弦定理より

　　　$x=∠ABC=\mathbf{60°}$　←$x=55°$ではないので注意

(ii)　接弦定理より

　　$∠CBA=∠BCA=y$ であるから，

　　△ABC について，$2y+50°=180°$

よって，$y=\mathbf{65°}$

💡**解**　(1)

(2)　(i)

(ii)

練習55 次の各図において，角 x を求めよ。ただし，直線 l は接線，点 A は接点，点 O は円の中心である。

(1)
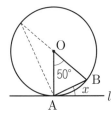

(2)
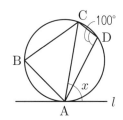

(3)
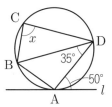

(4)
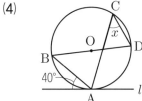

練習56 四角形 ABCD の各辺が右図のように点 P，Q，R，S で円に接している。このとき，

AB＋CD＝AD＋BC

が成り立つことを証明せよ。

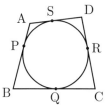

練習57 右図のように，2 つの円 O，O′ が点 P で接している。点 P を通る 2 直線が 2 円と交わる点をそれぞれ A，B および C，D とする。このとき，AC // DB となることを証明せよ。

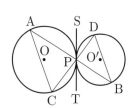

（直線 ST は接線である）

24　方べきの定理

⚠️ 方べきの定理とその逆

① 方べきの定理

（i）　点 P を通る 2 本の直線と円がそれぞれ
2 点 A，B と C，D で交わるとき，

$$PA \cdot PB = PC \cdot PD$$

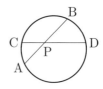 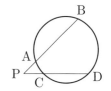

（ii）　円の外部の点 P から円に引いた接線の接点を T とする。
また，点 P を通る直線が円と 2 点 A，B で交わるとき，

$$PA \cdot PB = PT^2$$

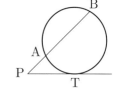

② 方べきの定理の逆

（i）　2 つの線分 AB と CD，またはそれぞれの延長が点 P で交わるとき，

$$PA \cdot PB = PC \cdot PD$$

が成り立つならば，**4 点 A，B，C，D は同一円周上にある。**

（ii）　円の外部の点 P を通る直線が円と 2 点 A，B で交わるとき，
円周上の点 T について，

$$PA \cdot PB = PT^2$$

が成り立つならば，**直線 PT は円の接線である。**

例24 次の図において，x の値を求めよ。

(1)　　　　　　(2)

（PTは接線）

問24 次の図において，x の値を求めよ。

(1)　　　　　　(2)

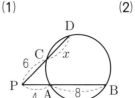

（PTは接線）

解 方べきの定理を用いて

(1)　$4 \times x = 6 \times 2$　← PA·PB=PC·PD

　　　　$x = 3$

(2)　$x(x+6) = 4^2$　← PA·PB=PT²

　　　$x^2 + 6x - 16 = 0$

　　　$(x+8)(x-2) = 0$

　　$x > 0$ より，$x = 2$

解 (1)

(2)

練習58 次の各図において，x の値を求めよ。ただし，点 O は円の中心である。

(1)

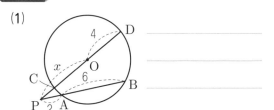

_____

_____

_____

_____

(2)

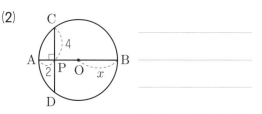

_____

_____

_____

_____

練習59 点 O を中心とする半径 3 の円の内部の点 P を通る弦 AB について，$PA \cdot PB = 5$ であるとき，次の各問いに答えよ。

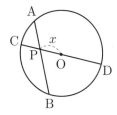

(1) 2 点 O，P を通る弦 CD について，$OP = x$ とするとき，PC と PD を x を用いて表せ。

_____

_____

(2) 線分 OP の長さを求めよ。

_____

_____

_____

_____

練習60 2 つの円 O，O′ が 2 点 A，B で交わるとき，直線 AB の延長上の点 P から 2 つの円とそれぞれ 2 点 C，D と E，F とで交わる直線を引く。このとき，4 点 C，D，E，F は同一円周上にあることを証明せよ。

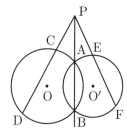

_____

_____

_____

_____

25　2円の位置関係

💡 2円の位置関係，共通接線

① 2円 O，O' の半径をそれぞれ r，r'（$r > r'$），2円の中心間の距離を d とするとき，2円の位置関係と r，r'，d の関係式は次のようになる。

(i) 円 O' が円 O の外部にある　(ii) 外接する　(iii) 2点で交わる

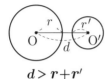

$$d > r + r'$$ $\qquad$ $$d = r + r'$$ $\qquad$ $$r - r' < d < r + r'$$

(iv) 内接する　　　(v) 円 O' が円 O の内部にある

 $\qquad$

$$d = r - r'$$ $\qquad\qquad$ $$d < r - r'$$

② 2円の両方に接する直線を2円の**共通接線**という。

例25 (1) 2円 O，O' の半径がそれぞれ 3 と 5 で，2円の中心間の距離を d とする。2円が接するときの d の値を求めよ。

(2) 2円 O，O' について，円 O' が円 O の外部にあるとき，共通接線の本数を求めよ。

 解　(1) 外接するとき，

$$d = 5 + 3 = \mathbf{8} \quad \leftarrow d = r + r'$$

内接するとき，

$$d = 5 - 3 = \mathbf{2} \quad \leftarrow d = r - r' \ (r > r')$$

(2) 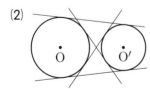　　左図より，共通接線の本数は，**4本**

問25 (1) 2円 O，O' の半径がそれぞれ 7 と 2 で，2円の中心間の距離を d とする。2円が2点で交わるときの d の値の範囲を求めよ。

(2) 2円 O，O' が外接しているとき，共通接線の本数を求めよ。

解　(1)

(2)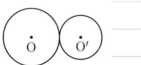

練習61 半径が5と2の2つの円O，O′がある。中心間の距離が次の(1)，(2)の場合，2円O，O′の位置関係は，「円O′が円Oの外部にある」「外接する」「2点で交わる」「内接する」「円O′が円Oの内部にある」のいずれであるか調べよ。

(1) 3

(2) 2

練習62 2つの円があって，中心間の距離が8のときは外接して，2のときは内接する。2つの円の半径を求めよ。

練習63 次の図において，線分ABの長さを求めよ。ただし，直線 *l* は2円O，O′にそれぞれ点A，Bで接している。

(1)

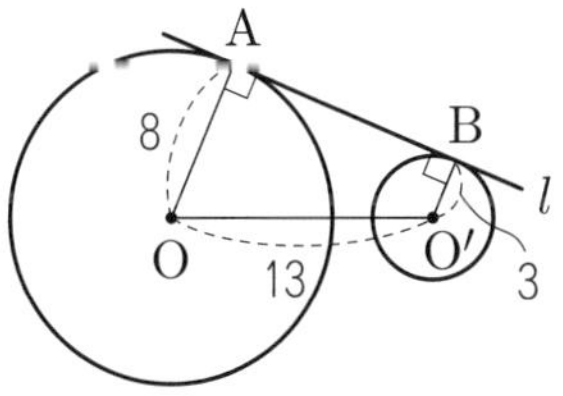

(2)

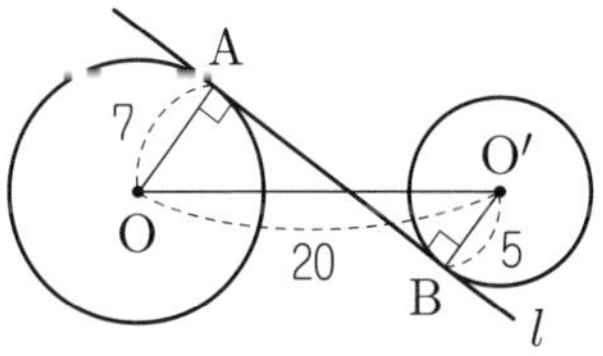

26　作　図

⚠ 垂直二等分線，垂線，角の二等分線，平行線の作図

定規とコンパスを次の〔1〕，〔2〕だけに使って図をかくことを**作図**という。

〔1〕　定規で直線を引くこと　　　　　　　← 定規の目盛りや三角定規の角などは使えない

〔2〕　コンパスで円をかく，線分の長さを移すこと

① **線分 AB の垂直二等分線**

　(i) 点 A を中心とする円をかく

　(ii) (i)と同じ半径で点 B を中心とする円をかく

　(iii) 2 つの円の交点を通る直線を引く

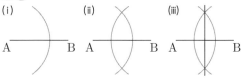

② **点 A から直線 l に引く垂線**

　(i) 点 A を中心に l と交わる円をかく
　　　　交点を P，Q とする

　(ii) 点 P，Q を中心として同じ半径の円をかく

　(iii) 直線 AR を引く　　　交点を R とする

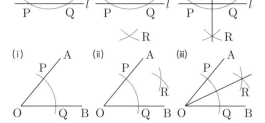

③ **∠AOB の二等分線**

　(i) 点 O を中心とする円をかく ← 交点 P，Q とする

　(ii) 点 P，Q を中心として同じ半径の円をかく

　(iii) 直線 OR を引く　　　交点を R とする

④ **点 A を通り直線 l に平行な直線**

　(i) l 上の点 P を中心とする半径 AP の
　　　円をかく ← 交点を Q とする

　(ii) 点 A，Q を中心として(i)と同じ半径の
　　　円をかく ← 交点を R とする

　(iii) 直線 AR を引く

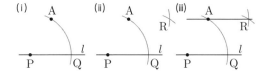

例26 線分 AB を 2：1 に内分する点 C を図示せよ。

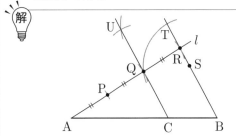

(i) 点 A を通る直線 l を引き点 P をとる ← 直線 l と点 P は任意

(ii) l 上に AP＝PQ＝QR となるように

　点 Q，R をとる ← コンパスで AP の長さをとり Q，R を定める

(iii) 直線 BR を引き，この直線上に点 S をとる

(iv) 直線 BR 上に SQ＝ST となる点 T をとる

(v) 点 Q，T を中心として，半径 SQ の円をかき，交点を U とする　　点 Q を通り直線 BR に平行な直線を引く（④）

(vi) 直線 QU と AB との交点が求める点 C

問26 線分 AB を 1：2 に内分する点 C を図示せよ。

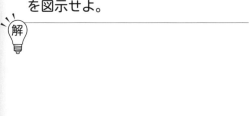

練習64  次を作図せよ。

(1)　△ABC の外心 O

ヒント　2 辺の垂直二等分線の交点が外心

(2)　△ABC の内心 I

ヒント　2 角の二等分線の交点が内心

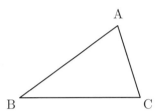

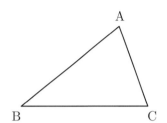

(3)　△ABC の頂点 B から辺 AC に引いた垂線と頂点 C から辺 AB に引いた垂線

(4)　点 P から円 O に引いた 2 本の接線

ヒント　OP を直径とする円をかく

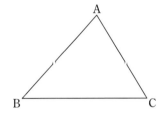

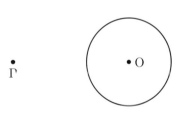

(5)　線分 AB を 5：2 に外分する点 C

(6)　線分 AB を 1 辺とする正方形の 1 つ

ヒント　B から AB に垂直な直線を引く

27 空間における直線と平面

⚠️ 2直線，直線と平面，2平面の位置関係

① 2直線 l_1, l_2 の位置関係

（ⅰ）　**1点で交わる**　（ⅱ）　**平行**（$l_1 /\!/ l_2$）

（ⅲ）　**ねじれの位置**（交わらず平行でもない場合）

（＊）　2直線が（平行移動して）交わる場合にできる角を，
2直線の**なす角**といい，直角のとき $l_1 \perp l_2$ と表す。

↳ l_1 と l_2 は**垂直である**という

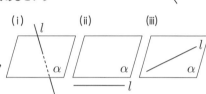

② 直線 l と平面 α の位置関係

（ⅰ）　**1点で交わる**　（ⅱ）　**平行**（$l /\!/ \alpha$）

（ⅲ）　**直線が平面に含まれる**

（＊）　直線 l が平面 α のすべての直線に垂直のとき，
$l \perp \alpha$ と表す。← l と α は**垂直である**，または**直交する**，という

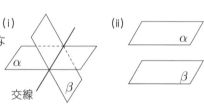

③ 2平面 α, β の位置関係

（ⅰ）　**交わる**　（ⅱ）　**平行**（$\alpha /\!/ \beta$）

（＊）　2平面が交わる場合，各平面上に交線に垂直な
直線を引いたときの角を，2平面の**なす角**といい，
直角のとき $\alpha \perp \beta$ と表す。

↳ α と β は**垂直である**，という

交線

例27 右図の立方体について，次を求めよ。

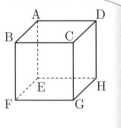

（1）　辺 AB とねじれの位置にある辺

（2）　平面 ABGH に垂直な面

 解

（1）　辺 CG，DH，EH，FG

　　　辺 AB と交わらず，平行でもない辺を調べる

（2）　面 AEHD，BFGC

　　　　交線は AH で
　　　　平面 ABGH 上の直線
　　　　AB と面 AEHD 上の
　　　　直線 DE は，いずれも
　　　　AH に垂直で AB⊥DE
　　　　より

問27 右図の直方体は，AB＝BF，AB≒BC である。次を求めよ。

（1）　辺 BC とねじれの位置にある辺

（2）　平面 ADGF に垂直な面

 解　（1）

　　　（2）

練習65 ▶ **例27** の立方体について，次の2直線，2平面のなす角を求めよ。

（1）　直線 AF と直線 CF

（2）　平面 ABCD と平面 AFGD

28 多面体

正多面体

立方体，三角すいのようにいくつかの平面で囲まれた立体を**多面体**という。

へこみのない多面体のうち，各面が合同な正多角形で，各頂点に集まる面の数が同じであるものを**正多面体**といい，次の 5 種類ある。

| 正四面体 | 正六面体 | 正八面体 | 正十二面体 | 正二十面体 |

| （正三角形） | （正方形） | （正三角形） | （正五角形） | （正三角形） |

例28 正四面体の頂点の数 v，辺の数 e，面の数 f を求め，
$$v-e+f=2$$
が成り立つことを示せ。

解 $v=4$，$e=6$，$f=4$ ←数えてみよう

よって，$v-e+f=2$

問28 正八面体の頂点の数 v，辺の数 e，面の数 f を求め，
$$v-e+f=2$$
が成り立つことを示せ。

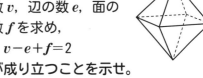

解

例28，**問28** の式はつねに成り立つ。（**オイラーの多面体定理**）

練習66 右図の立方体を 3 点 B，D，G を通る平面で切り取った多面体 ABD-EFGH について，次を求めよ。

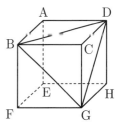

(1) 頂点の数 v，辺の数 e，面の数 f とするとき，$v-e+f$ の値を求めよ。

(2) さらに，3 点 B，D，E，3 点 B，E，G，3 点 D，E，G を通る 3 平面で切り取る。このとき，4 点 B，D，E，G を頂点とする多面体はどんな図形か。

29 約数と倍数

⚠️ 約数と倍数，倍数の判定法，素数，素因数分解

① 2つの整数 a，b について，a が b で割り切れるとき，
　　b は a の**約数**，a は b の**倍数**

② **倍数の判定法**

2の倍数：一の位が偶数	**5の倍数**：一の位が0か5
3の倍数：各位の数の和が3の倍数	**8の倍数**：下3桁が8の倍数
4の倍数：下2桁が4の倍数	**9の倍数**：各位の数の和が9の倍数

③ **素数**…2以上の整数で，1とそれ自身以外の正の約数をもたない数　**例** 2, 3, 5, 7, …
　　↖1でも素数でもない数を**合成数**という

④ **素因数分解**…自然数をいくつかの素数の積の形で表すこと。
　　　　　　　↖**素因数**という

例29 (1)　12の正の約数をすべて求めよ。

(2)　4桁の整数 25□4 について，次のような数になるように，□に当てはまる数を求めよ。
　(ⅰ) 3の倍数　　(ⅱ) 12の倍数

(3)　360を素因数分解せよ。

解 (1)　**1，2，3，4，6，12**　←1と12も約数である

(2) (ⅰ)　3の倍数となるのは各位の数の和が3の倍数のときである。
　　　　$2+5+□+4=11+□$
　　より，これが3の倍数となるのは，
　　　1または4または7　←和は 12, 15, 18

　(ⅱ)　12の倍数は，3の倍数かつ4の倍数であるから，(ⅰ)で求めた数のうち下2桁が4の倍数となるものである。
　　よって，**4**　←(ⅰ)より下2桁は 14, 44, 74
　　　　　　　　　このうち4の倍数は44

(3)　$360=6\times6\times10$　←下のように素数で割っていってもよい
　　　$=(2\times3)\times(2\times3)\times(2\times5)$
　　　$=2^3\times3^2\times5$

```
2 ) 360
2 ) 180
2 )  90
3 )  45
3 )  15
       5
```

問29 (1)　18の正の約数をすべて求めよ。

(2)　4桁の整数 23□6 について，次のような数になるように，□に当てはまる数を求めよ。
　(ⅰ) 4の倍数　　(ⅱ) 36の倍数

(3)　800を素因数分解せよ。

解 (1)

(2) (ⅰ)

　(ⅱ)

(3)

練習67 ▶ 次の□に当てはまる数を求めよ。

(1) 3桁の整数 25□ は，6 の倍数である。

(2) 4桁の整数 3□47 は，3 の倍数であるが 9 の倍数ではない。

(3) 5桁の整数 1□24□ は，72 の倍数である。

練習68 ▶ 次の数が整数となるような最小の自然数 n を求めよ。

(1) $\sqrt{72n}$

(2) $\sqrt{60n}$

30 最大公約数と最小公倍数

最大公約数と最小公倍数，互いに素

① 2つ以上の整数について

(i) 共通の約数（公約数）のうち最大のものを**最大公約数**　←G.C.M. と表す

(ii) 共通の倍数（公倍数）のうち正で最小のものを**最小公倍数**　←L.C.M. と表す

という。

例　24 と 36 について，素因数分解すると

$24 = 2^{③} \times 3^{①} = 2 \times 2 \times 2 \times 3$

$36 = 2^{②} \times 3^{②} = 2 \times 2 \quad \times 3 \times 3$

最大公約数は，$= 2 \times 2 \quad \times 3 = 2^{②} \times 3^{①} = 12$

最小公倍数は，$= 2 \times 2 \times 2 \times 3 \times 3 = 2^{③} \times 3^{②} = 72$

$$
\begin{array}{r}
2 \,)\ 24 \quad 36 \\
2 \,)\ 12 \quad 18 \\
3 \,)\ \ 6 \quad \ 9 \\
\times 2 \ \times 3
\end{array}
$$

素因数分解の
指数の小さい方 → 最大公約数

→最小公倍数

素因数分解の指数の大きい方

② **2つの整数 a, b の最大公約数が 1 であるとき，a と b は互いに素である，という。**

③ **2つの整数 a, b の最大公約数を g, 最小公倍数を l とすると，$ab = gl$ が成り立つ。**

例　$a = 24, b = 36$ のとき，上の 例 より $g = 12, l = 72$ であるから，

$ab = 24 \times 36 = 864, \ gl = 12 \times 72 = 864$ より，$ab = gl$

例30 (1) 36 と 48 の最大公約数と最小公倍数を求めよ。

(2) 54 と 72 の最大公約数が 18 であることを用いて，54 と 72 の最小公倍数を求めよ。

解 (1) $36 = 2^2 \times 3^2$

$48 = 2^4 \times 3$

であるから，

最大公約数は，$2^2 \times 3 = \mathbf{12}$

最小公倍数は，$2^4 \times 3^2 = \mathbf{144}$

$$
\begin{array}{r}
2 \,)\ 36 \quad 48 \\
2 \,)\ 18 \quad 24 \\
3 \,)\ \ 9 \quad 12 \\
\times 3 \ \times 4
\end{array}
$$

(2) 最小公倍数を l とすると，

$54 \times 72 = 18 \times l$　←$ab = gl$ （③）

$l = \dfrac{54 \times \cancel{72}^{4}}{\cancel{18}} = \mathbf{216}$

問30 (1) 75 と 135 の最大公約数と最小公倍数を求めよ。

(2) 56 と 98 の最小公倍数が 392 であることを用いて，56 と 98 の最大公約数を求めよ。

解 (1)

(2)

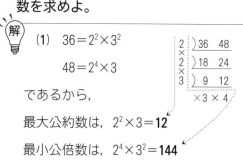

練習69 ▶ 縦 18cm，横 30cm の長方形について，次の各問いに答えよ。

(1) この長方形を同じ大きさの正方形で，すき間なく区切るとき，最も大きい正方形にするには，1 辺の長さを何 cm にすればよいか。

(2) この長方形を同じ向きにすき間なく並べて正方形を作るとき，最も小さい正方形にするには，1 辺の長さを何 cm にすればよいか。

練習70 ▶ 次の 3 つの整数の最大公約数と最小公倍数を求めよ。

72　　60　　168

練習71 ▶ n を自然数とするとき，n と 18 の最小公倍数が 72 であるような n をすべて求めよ。

練習72 ▶ 最大公約数が 12 で最小公倍数が 72 である 2 つの自然数 a，b の組をすべて求めよ。ただし，$a<b$ とする。

31 ユークリッドの互除法

◇ **割り算と最大公約数，ユークリッドの互除法**

① 2つの自然数 a，b（$a>b$）について，a を b で割った余りを r とする。

（i）$r \neq 0$ のとき，（a と b の最大公約数）＝（b と r の最大公約数）

（ii）$r=0$ のとき，（a と b の最大公約数）＝b

② **ユークリッドの互除法**

2つの自然数 a，b について，①の操作を $r=0$ になるまで繰り返して，a と b の最大公約数を求める方法

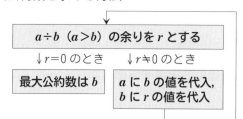

$a \div b$（$a>b$）の余りを r とする
↓$r=0$ のとき　　↓$r \neq 0$ のとき
最大公約数は b ／ a に b の値を代入，b に r の値を代入

例　24 と 9 の最大公約数を求める

24÷9 の余りは 6

9÷6 の余りは 3

6÷3 の余りは 0

↑$r=0$ になったので ③ が最大公約数

第4章 数学と人間の活動

例31 次の 2 つの整数の最大公約数をユークリッドの互除法を用いて求めよ。

120　　54

解

120÷54=2 余り 12 ←0 でない余りの約数の中に最大公約数が含まれている

54÷12=4 余り 6

12÷6=2 余り 0 ←余りが 0 になったので最大公約数は ⑥

よって，120 と 54 の最大公約数は **6**

問31 次の 2 つの整数の最大公約数をユークリッドの互除法を用いて求めよ。

270　　42

解

練習73 次の 2 つの整数の最大公約数をユークリッドの互除法を用いて求めよ。

(1)　187　　136

(2)　420　　165

(3)　4950　　4312

(4)　8381　　7424

32　1次不定方程式

⚠ 1次不定方程式

a, b, c は整数の定数で，$a \neq 0$, $b \neq 0$ のとき，

$$ax + by = c$$

を満たす整数 x, y の組を**整数解**といい，これを求めることを
1次不定方程式を解くという。

例 $5x - 2y = 1$ の
整数解(x, y)は
$(1, 2)$, $(3, 7)$, $(5, 12)$, $\cdots$
のように無数にある。

例32 方程式 $5x - 2y = 1$ …①の整数解をすべて求めよ。

　$x = 1$, $y = 2$ は①の整数解の1組
　　　　　　　↖まず，ひと組の解をさがす
であるから，$5 \cdot 1 - 2 \cdot 2 = 1 \cdots$②

①－②より，$5(x - 1) - 2(y - 2) = 0$

　　$5(x - 1) = 2(y - 2) \cdots$③　←式変形で，この形をつくることがポイント

2と5は互いに素であるから，<u>$x - 1$ は</u>
<u>2の倍数である。</u>
　↖③の右辺が2の倍数より左辺も2の倍数

よって，$x - 1 = 2k$（k は整数）とおける。これを③に代入して，

　　$5 \cdot 2k = 2(y - 2)$

ゆえに，$y - 2 = 5k$

したがって，求める整数解は　$k = 1$とすると
$x = 3$, $y = 7$ で
①の解に
↖なっている

$x = 2k + 1$, $y = 5k + 2$（k は整数）

問32 方程式 $2x - 3y = 1$ …①の整数解をすべて求めよ。

第4章
数学と人間の活動

練習74 ▶ 次の方程式の整数解をすべて求めよ。

(1) $5x + 3y = 4$

(2) $3x + 4y = 5$

33　n 進法

◇ 10 進法と 2 進法，n 進法

① **10 進法**…0 から 9 までの 10 個の数字を用いて，**例** $1234=1\times10^3+2\times10^2+3\times10+4\times1$
10^k を位取りの基礎として数を表す方法　← 10 進法で表された数を **10 進数**という

　2 進法…0 と 1 の 2 個の数字を用いて，**例** $1101_{(2)}=1\times2^3+1\times2^2+0\times2^1+1\times1=13_{(10)}$
2^k を位取りの基礎として数を表す方法　← 2 進法で表された数を **2 進数**という
（2 進法の数 1101 を $1101_{(2)}$ とかく）

② 0 から $n-1$ までの n 個の数字を用いて，n^k を位取りの基礎として数を表す方法を
n 進法といい，n 進法で表した数を **n 進数**という。← 3 進数 1021 を $1021_{(3)}$ とかく

例33 (1)　$1110_{(2)}$ を 10 進法で表せ。
(2)　10 進数 6 を 2 進法で表せ。

解 (1)　$1110_{(2)}=1\times2^3+1\times2^2+1\times2+0\times1$
$=8+4+2=\mathbf{14}$

(2)　右の計算より
$6=\mathbf{110}_{(2)}$

$2\,)\,6$　　余り
$2\,)\,3\ \cdots\ 0\leftarrow1$ の位
$2\,)\,1\ \cdots\ 1\leftarrow2$ の位
　　$0\ \cdots\ 1\leftarrow2^2$ の位

問33 (1)　$1010_{(2)}$ を 10 進法で表せ。
(2)　10 進数 11 を 2 進法で表せ。

解 (1)

(2)

練習75　次の数を 10 進法で表せ。

(1)　$10101_{(2)}$

(2)　$11101_{(2)}$

(3)　$212_{(3)}$

(4)　$12012_{(3)}$

練習76　次の 10 進数を 3 で割った余りを計算しながら 3 進法で表せ。

(1)　19

(2)　34

34 座標

座標軸を定めると，平面や空間の点の位置を，2つあるいは3つの数の組で表すことができる。

⚠️ 平面上の点の座標

平面上に，**原点 O** と，O で直交する2直線（**x軸, y軸**）を図のように定める。このとき，平面上の点 P に対して，図のように定まる数の組 (a, b) を点 P の**座標**といい，a, b をそれぞれ点 P の x 座標，y 座標という。

⚠️ 空間の点の座標

空間に，原点 O と，O で互いに直交する3直線（**x軸, y軸, z軸**）を図のように定める。このとき，空間の点 P に対して，図のように定まる数の組 (a, b, c) を点 P の**座標**といい，a, b, c をそれぞれ点 P の x 座標，y 座標，z 座標という。

それぞれ，x 軸と y 軸，y 軸と z 軸，z 軸と x 軸で定まる平面を **xy平面**，**yz平面**，**zx平面**といい，3平面をあわせて**座標平面**という。

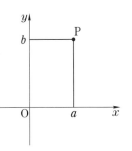

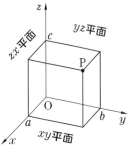

第4章 数学と人間の活動

例34 右図の直方体 CFPE − OADB において点 A, B, C, P の座標を求めよ。

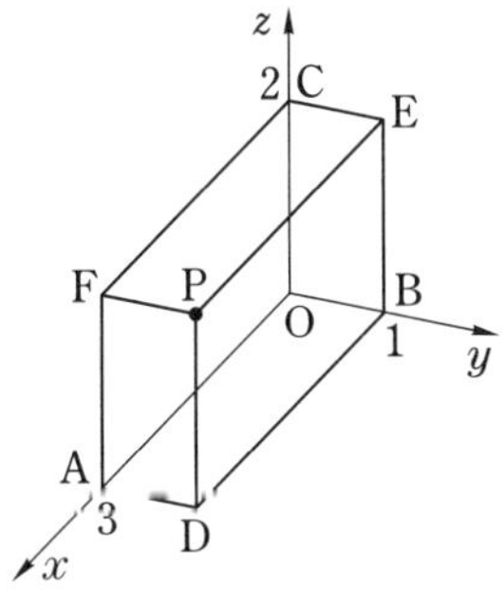

（解）A$(3, 0, 0)$, B$(0, 1, 0)$,
C$(0, 0, 2)$, P$(3, 1, 2)$

問34 例34 の図において点 D, E, F の座標を求めよ。

（解）

練習77 点 P の座標が $(1, 2, 3)$ であるとき，次の点の座標を求めよ。

(1) 点 P から **xy** 平面に垂線を引くとき，**xy** 平面との交点 A

(2) 点 P から z 軸に垂線を引くとき，z 軸との交点 B

高校数学

直接書き込む

やさしい
数学Aノート

［三訂版］

別冊解答

旺文社

直接書き込む

やさしい

数学Aノート

[三訂版]

別冊解答

旺文社

集合の要素の個数

考え方　$n(A\cup B)=n(A)+n(B)-n(A\cap B)$ の式を使いこなそう。図をかいて，求める集合がどの部分になるのか調べよう。（ベン図という）

問1　(1)　4 の倍数の集合を A とすると，

$A=\{4\cdot1,\ 4\cdot2,\ \cdots,\ 4\cdot25\}$

よって，$n(A)=\mathbf{25}$

← $4\cdot1=4$ から $4\cdot25=100$ までの 25 個

(2)　6 の倍数の集合を B とすると，$B=\{6\cdot1,\ 6\cdot2,\ \cdots,\ 6\cdot16\}$

より，$n(B)=16$

また，$A\cap B$ は 12 の倍数の集合で，

$A\cap B=\{12\cdot1,\ 12\cdot2,\ \cdots,\ 12\cdot8\}$ より，$n(A\cap B)=8$

よって，4 または 6 の倍数の個数は，

$n(A\cup B)=n(A)+n(B)-n(A\cap B)$

$\qquad\qquad\ =25+16-8=\mathbf{33}$

← $6\cdot1=6$ から $6\cdot16=96$ までの 16 個

← $A\cap B$ は 4 と 6 の最小公倍数 12 の倍数の集合

← $12\cdot1=12$ から $12\cdot8=96$ までの 8 個

← A，B にはともに $A\cap B$ の要素が含まれているので $n(A)+n(B)$ から $n(A\cap B)$ を引く

(3)　1 から 100 までの整数の集合を U とすると，12 の倍数では

ない集合は $\overline{A\cap B}$ であるから，

$n(\overline{A\cap B})=n(U)-n(A\cap B)$

$\qquad\qquad\ =100-8=\mathbf{92}$

← 補集合の要素の個数は，$n(\overline{A\cap B})=n(U)-n(A\cap B)$

練習1　(1)　$n(\overline{A})=n(U)-n(A)=100-65=\mathbf{35}$

(2)　$n(A\cup B)=n(A)+n(B)-n(A\cap B)=65+45-15=\mathbf{95}$

(3)　$n(\overline{A}\cap B)=n(B)-n(A\cap B)$

$\qquad\qquad\ =45-15=\mathbf{30}$

(4)　$n(\overline{A}\cap\overline{B})=n(\overline{A\cup B})=n(U)-n(A\cup B)$

$\qquad\qquad\ =100-95=\mathbf{5}$

← 補集合の要素の個数は，$n(\overline{A})=n(U)-n(A)$

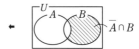

← $\overline{A}\cap B$

← ド・モルガンの法則より $\overline{A}\cap\overline{B}=\overline{A\cup B}$

練習2　2 桁の正の整数全体の集合を U とする。

(1)　8 で割り切れる 2 桁の正の整数の集合を A とすると，

$A=\{8\cdot2,\ 8\cdot3,\ \cdots,\ 8\cdot12\}$

よって　$n(A)=12-2+1=\mathbf{11}$

← 2 桁の正の整数より $8\cdot1=8$ は適さない

← $n(A)=12-2$ とする誤りに注意

(2)　6 で割り切れる 2 桁の正の整数の集合を B とすると，

$B=\{6\cdot2,6\cdot3,\ \cdots,\ 6\cdot16\}$

よって，$n(B)=16-2+1=15$

また，6 でも 8 でも割り切れる，すなわち 24 で割り切れる 2 桁

の正の整数の集合は $A\cap B=\{24\cdot1,\ 24\cdot2,\ \cdots,\ 24\cdot4\}$ より，

$n(A\cap B)=4$

ゆえに，6 または 8 で割り切れる 2 桁の正の整数の個数は，

$n(A\cup B)=n(A)+n(B)-n(A\cap B)=11+15-4=\mathbf{22}$

← 2 桁の正の整数より $6\cdot1=6$ は適さない

← $n(B)=16-2$ とする誤りに注意

(3)　6 で割り切れるが 8 で割り切れない 2 桁の正の整数の集合は

$B\cap\overline{A}$ より，

$n(B\cap\overline{A})=n(B)-n(A\cap B)=15-4=\mathbf{11}$

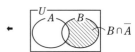

← $B\cap\overline{A}$

(4)　6 でも 8 でも割り切れない 2 桁の正の整数の集合は $\overline{A}\cap\overline{B}$ より，

$n(\overline{A}\cap\overline{B})=n(\overline{A\cup B})$

$\qquad\qquad\ =n(U)-n(A\cup B)$

$\qquad\qquad\ =90-22=\mathbf{68}$

← ド・モルガンの法則　$\overline{A}\cap\overline{B}=\overline{A\cup B}$

← U は 2 桁の正の整数全体の集合であるから，$n(U)=99-10+1=90$

2 場合の数

考え方 「〜または〜」のときは，和の法則，「〜のおのおのについて〜」のときは，積の法則。

問2 (1) 100 円，50 円，10 円硬貨の枚数について，右図のように樹形図をかくと，

5 通り。

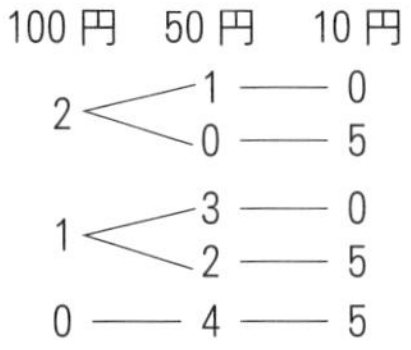

100 円	50 円	10 円
2	1	0
	0	5
1	3	0
	2	5
0	4	5

← 100 円玉の個数で場合分けしていくとよい

(2) 目の和が 10 以上となるのは，目の和が 10，11，12 のいずれかの場合であるから，

10→(4, 6)，(5, 5)，(6, 4)の 3 通り

11→(5, 6)，(6, 5)の 2 通り

12→(6, 6)の 1 通り

よって，3+2+1=**6**(通り)

← 10 または 11 または 12 の場合

← 取りこぼさないように工夫して数える

← 和の法則

(3) 400 を素因数分解すると，$400=2^4 \times 5^2$

2^4 の約数 1，2，2^2，2^3，2^4 のおのおのについて 5^2 の約数 1，5，5^2 をそれぞれ掛けると 400 の約数が得られる。

よって，400 の正の約数の個数は，5×3=**15**(個)

← 指数をとって，$4 \times 2=8$ とする誤りに注意！
$2^0=1$ と $5^0=1$ も約数より，
$(4+1) \times (2+1)=5 \times 3$

← 積の法則

練習3 (1) 目の和が 5 となるのは，

(1, 1, 3)，(1, 2, 2)，(1, 3, 1)

(2, 1, 2)，(2, 2, 1)，(3, 1, 1)

よって，**6** 通り。

← 取りこぼさないように工夫して数える

(2) 目の和が 4 となるのは，

(1, 1, 2)，(1, 2, 1)，(2, 1, 1)の 3 通り。

目の和が 3 となるのは，(1, 1, 1)の 1 通り。

よって，目の和が 5 以下となるのは，6+3+1=**10**(通り)

← 目の和が 5 以下となるのは，和が 5，4，3 のいずれかになる場合である

← 和の法則

練習4 a，b，c，d の 4 個の項のそれぞれについて，x，y，z の 3 個の項を掛け合わせるから，項の個数は 4×3=**12**(個)

← 積の法則

練習5 (1) 2 個のさいころの目の出方は 6×6=36(通り)。目の積が奇数になるのは，2 個とも奇数が出る場合であるから，

3×3=9(通り)

よって，目の積が偶数となるのは，36−9=**27**(通り)

← (偶)×(偶)，(偶)×(奇)，(奇)×(偶)のいずれかでそれぞれ 3×3=9(通り)ずつあるから 3×9=27(通り)としてもよい

(2) 目の積が 4 の倍数となるのは，㋐ 2 個とも偶数 ㋑ 4 と奇数の目が出る場合である。

㋐ 3×3=9 通り　㋑ 2×3=6 通り

よって，9+6=**15**(通り)

← ㋑(大，小)=(4, 奇数)，(奇数, 4)の 2 通り

3 順列

考え方 選んで 1 列に並べるときは，$_nP_r$ を活用しよう。

問3 (1) (i) $_4P_4=4!=4 \cdot 3 \cdot 2 \cdot 1=$**24**

(ii) $_6P_3=6 \cdot 5 \cdot 4=$**120**

← $_6P_3$ を 6 から 3 までの積 $6 \cdot 5 \cdot 4 \cdot 3$ とする誤りに注意

(2) 5個の数字から2個を取り出して並べる順列であるから，

$_5P_2=5\cdot4=\mathbf{20}$（個）

←百の位には，1〜5の5通り，十の位は，百の位以外の4通りと考えてもよい

(3) 女子2人をまとめて1人と考え，男子と合わせて4人が1列に並ぶとき並び方は，$_4P_4=4!$通り。さらに，女子2人の並び方は，$_2P_2=2!$通りあるから，

$4!\times2!=4\cdot3\cdot2\cdot1\times2\cdot1=\mathbf{48}$（通り）

←「n人が隣り合う」場合は，そのn人をひとまとめにして1人とみなして考える。そのn人の並び方も忘れないこと

練習6 9人の中から3人を並べて，順に委員長，副委員長，書記を割り当てると考えて，

$_9P_3=9\cdot8\cdot7=\mathbf{504}$（通り）

←委員長　副委員長　書記
　○　　　○　　　○
　9　×　8　×　7

練習7 (1) a以外の4文字を1列に並べるから，

$_4P_4=4!=\mathbf{24}$（通り）

←$a\,\underset{4!}{\underline{○○○○}}$

(2) b, c, dをまとめて1文字とみなし，a, eと合わせて3文字を並べさらに，b, c, dの3文字を並べると考えて，

$_3P_3\times_3P_3=3!\times3!=6\times6=\mathbf{36}$（通り）

(3) b, c, dの3文字から2文字をとって並べ両端におく並べ方は，$_3P_2$通り。
さらに，間の3文字の並べ方は，$_3P_3$通りあるから，

$_3P_2\times_3P_3=3\cdot2\times3!=6\times6=\mathbf{36}$（通り）

← $\overset{3!}{○\underline{□□□}○}$　$_3P_2$

(2)↓
←$5!-36$とするのは誤り
　（$abced$という並びも含まれてしまうので）

(4) b, c, dの3文字を並べ，間にaとeを並べると考えて，

$_3P_3\times_2P_2=3!\times2!=6\times2=\mathbf{12}$（通り）

練習8 (1) 百の位は，0以外の4通り，
十の位と一の位は，残りの4個の数字から2個とって並べるから$_4P_2$通り。
よって，$4\times_4P_2=4\times4\cdot3=\mathbf{48}$（個）

←　○　○　○
　0を除く　↑
　4　×　$_4P_2$

(2) 一の位は，1，3のいずれかの2通り，
百の位は，0と一の位の数を除く3通り，
十の位は，一の位と百の位を除く3通りある。
よって，$2\times3\times3=\mathbf{18}$（個）

←　○　　　○　　　○←1または3
　　↑　　　↑
　0と一の位　百の位と一の
　の数を除く　位の数を除く
　3　×　3　×　2

4 円順列，重複順列

 円順列，重複順列の総数を求める公式は，導き方を理解しておこう。

問4 (1) (ⅰ) $(5-1)!=4!$
$=4\cdot3\cdot2\cdot1=\mathbf{24}$（通り）

←異なるn個の円順列の総数は$(n-1)!$

(ⅱ) 女子2人をまとめて1人とみなし，男子3人と合わせて4人が円卓にすわると，すわり方は$(4-1)!=3!$通りある。
さらに，女子2人のすわり方は$2!$通りあるから，
$3!\times2!=6\times2=\mathbf{12}$（通り）

←隣り合うときはひとまとめにして1人とみなして考える

(2) (ⅰ) $3^5=\mathbf{243}$（通り）

(ⅱ) 一の位は1または3の2通り，一の位以外の各位は1〜3の3通りあるから，
$3^4\times2=81\times2=\mathbf{162}$（通り）

練習9 ▶　(1)　女子1人と男子6人の計7人が輪になる並び方は, $(7-1)!=6!$

通りあって, もう1人の女子の入り方は1通りしかないから,

$6! \times 1 = \mathbf{720}$（通り）

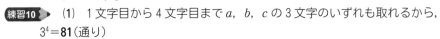

もう1人の女子は
ここにしか入れない

(2)　男子6人が輪になる並び方は, $(6-1)!=5!$ 通りあり, 女子2人が6カ

所の男子と男子の間に入るのは, $_6P_2$ 通りある。

よって, $5! \times _6P_2 = 120 \times 30 = \mathbf{3600}$（通り）

女子2人はVのところ
に入ればよい

練習10 ▶　(1)　1文字目から4文字目まで a, b, c の3文字のいずれも取れるから,

$3^4 = \mathbf{81}$（通り）

(2)　1個のときは, 3通り,

2個のときは, $3^2 = 9$ 通り,

3個のときは, $3^3 = 27$ 通りあるから, (1)と合わせて文字列の総数は,

$3 + 9 + 27 + 81 = \mathbf{120}$（通り）

← 4個まで並べられるから, 1〜4個の場合を考える

練習11 ▶　(1)　6人は A, B の部屋のいずれも選べるから,

$2^6 = \mathbf{64}$（通り）

← 6人とも同じ部屋（A または B）に入ってよいので

(2)　(1)において, 6人全員が一部屋（A または B）に入る2通りを除くから,

$2^6 - 2 = \mathbf{62}$（通り）

5 組合せ

考え方　選ぶときには, $_nC_r$ を活用しよう。

問5　(1)　(i)　$_6C_3 = \dfrac{6 \cdot 5 \cdot 4}{3 \cdot 2 \cdot 1} = \mathbf{20}$

(ii)　$_{100}C_{98} = _{100}C_2 = \dfrac{100 \cdot 99}{2 \cdot 1} = \mathbf{4950}$

← $_nC_r = _nC_{n-r}$ を利用して, $_{100}C_{98} = _{100}C_{100-98} = _{100}C_2$

(2)　(i)　10人の中から4人を選ぶから, $_{10}C_4 = \dfrac{10 \cdot 9 \cdot 8 \cdot 7}{4 \cdot 3 \cdot 2 \cdot 1} = \mathbf{210}$（通り）

(ii)　男子2人の選び方は $_4C_2$ 通りあり, そのおのおのに対して

女子2人の選び方は, $_6C_2$ 通りあるから,

$_4C_2 \times _6C_2 = \dfrac{4 \cdot 3}{2 \cdot 1} \times \dfrac{6 \cdot 5}{2 \cdot 1} = \mathbf{90}$（通り）

← 積の法則

(iii)　4人とも女子を選ぶ方法は $_6C_4$ 通りあるから, 少なくとも

1人は男子を含むのは,

$_{10}C_4 - _6C_4 = 210 - 15 = \mathbf{195}$（通り）

← (男1, 女3)または(男2, 女2)または(男3, 女1)または(男4)の場合の数を求めてもよい

練習12 ▶　(1)　7個の頂点はどの3個も一直線上にはないので,

3点を選べば三角形が1個できる。

よって, 求める個数は,

$_7C_3 = \dfrac{7 \cdot 6 \cdot 5}{3 \cdot 2 \cdot 1} = \mathbf{35}$（個）

← 左図のように A, C, E を選ぶと1個三角形ができる

(2)　7個の頂点から2点を選び線分をつくると,

辺と対角線になる。

よって, 対角線の本数は,

$_7C_2 - 7 = \dfrac{7 \cdot 6}{2 \cdot 1} - 7 = \mathbf{14}$（本）

← 左図のように A, D を選ぶと1本対角線ができる。A と B, B と C, …, G と A を選ぶと辺になるので, この7本は除く

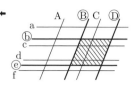

4本の平行線から
BとD，6本の平
行線からbとeを
選ぶと左図のよう
に1個平行四辺形
ができる

練習13　4本の平行線から2本を選び，6本の平行線から2本選ぶ ←
と平行四辺形が1個できる。

よって，求める個数は，

$$_4C_2 \times _6C_2 = \frac{4 \cdot 3}{2 \cdot 1} \times \frac{6 \cdot 5}{2 \cdot 1} = \mathbf{90}（個）$$

練習14　(1)　$_nC_2 = \frac{n(n-1)}{2 \cdot 1} = 45$　より，$n^2 - n = 90$　$n^2 - n - 90 = 0$　← n の2次方程式をつくる

$(n-10)(n+9) = 0$　$n \geqq 2$ より，$\boldsymbol{n = 10}$

(2)　$_nC_2 = \frac{n(n-1)}{2 \cdot 1}$，$_nC_3 = \frac{n(n-1)(n-2)}{3 \cdot 2 \cdot 1}$　より

$$\frac{n(n-1)}{2} = \frac{n(n-1)(n-2)}{6}\qquad 3n(n-1) = n(n-1)(n-2)$$　← $n(n-1) \neq 0$ より両辺を $n(n-1)$ で割る

$n \geqq 3$ より $n(n-1) \neq 0$ であるから，$n-2 = 3$

よって，$\boldsymbol{n = 5}$（これは $n \geqq 3$ を満たす）

練習15

(1)　A君は選ばれるから，A君を除く7人から4人を選べばよい。　← Ⓐ○○○○○○○

よって，$_7C_4 = _7C_3 = \frac{7 \cdot 6 \cdot 5}{3 \cdot 2 \cdot 1} = \mathbf{35}（通り）$
　7人から4人を選ぶ
Ⓐ○○○○　←Aが選ばれる場合

(2)　A君は選ばれないから，A君を除く7人から5人を選べばよい。　← Ⓐ○○○○○○○

よって，$_7C_5 = _7C_2 = \frac{7 \cdot 6}{2 \cdot 1} = \mathbf{21}（通り）$
　7人から5人を選ぶ
○○○○○　←Aが選ばれない場合

6　グループ分け

考え方　同じ個数ずつ n 個のグループに分けるときは，まず，グループに区別がつく場合を考える。
区別がつかない場合は，区別がつく場合の総数を $n!$ で割ればよい。

問6　(1)　9個の中から2個選び，次に残りの7個から3個選べばよいから，　← $_9C_2 \times _9C_3 \times _9C_4$ とするのは誤り

$$_9C_2 \times _7C_3 = \frac{9 \cdot 8}{2 \cdot 1} \times \frac{7 \cdot 6 \cdot 5}{3 \cdot 2 \cdot 1} = 36 \times 35 = \mathbf{1260}（通り）$$
← 9個の中から4個選び，次に残りの5個から3個選ぶとして
$_9C_4 \times _5C_3$ を計算してもよい

(2)　9個の中から3個選んでAへ，次に残りの6個から3個選んでBへ，　← $_9C_3 \times _9C_3 \times _9C_3$ とするのは誤り
残った3個をCへ配ればよいから，

$$_9C_3 \times _6C_3(\times _3C_3) = \frac{9 \cdot 8 \cdot 7}{3 \cdot 2 \cdot 1} \times \frac{6 \cdot 5 \cdot 4}{3 \cdot 2 \cdot 1} \times 1 = 84 \times 20 = \mathbf{1680}（通り）$$

(3)　(2)で，A，B，Cの区別をなくすと同じものが $3!$ 通りずつできるから，　← クッキーを3個ずつの3つのグループに
分けて（x 通り）からA，B，Cに配る（$3!$
通り）と(2)の結果になるから，
$x \times 3! = 1680$　と考えてもよい

$$\frac{1680}{3!} = \mathbf{280}（通り）$$

練習16　(1)　12人の中から4人を選べばよいから，

$$_{12}C_4 = \frac{12 \cdot 11 \cdot 10 \cdot 9}{4 \cdot 3 \cdot 2 \cdot 1} = \mathbf{495}（通り）$$
← $_{12}C_4(\times _8C_8)$

(2)　12人の中から3人を選び，残りの9人から4人を選べばよいから，

$$_{12}C_3 \times _9C_4 = \frac{12 \cdot 11 \cdot 10}{3 \cdot 2 \cdot 1} \times \frac{9 \cdot 8 \cdot 7 \cdot 6}{4 \cdot 3 \cdot 2 \cdot 1} = 220 \times 126 = \mathbf{27720}（通り）$$
← $_{12}C_3 \times _9C_4(\times _5C_5)$

(3)　12人の中からA組の6人を選べばよいから，

$$_{12}C_6 = \frac{12 \cdot 11 \cdot 10 \cdot 9 \cdot 8 \cdot 7}{6 \cdot 5 \cdot 4 \cdot 3 \cdot 2 \cdot 1} = \mathbf{924}（通り）$$
← $_{12}C_6(\times _6C_6)$

(4)　(3)で A，B の区別をなくすと同じものが 2！通りずつできるから，

$$\frac{924}{2!}=\textbf{462}（通り）$$

←6 人ずつの 2 つのグループに分けて（x 通り）から A，B の組に入れる（2！通り）と(3)の結果になるから，$x\times2!=924$ と考えてもよい

(5)　4 人ずつの 3 組を A，B，C とする。

まず，12 人の中から A 組の 4 人を選び，残りの 8 人から B 組の 4 人を選び，残りの 4 人を C 組とする。次に，A，B，C の区別をなくすと同じものが 3！通りずつできるから，

$$\frac{{}_{12}C_4\times{}_8C_4（\times{}_4C_4）}{3!}=\frac{12\cdot11\cdot10\cdot9}{4\cdot3\cdot2\cdot1}\times\frac{8\cdot7\cdot6\cdot5}{4\cdot3\cdot2\cdot1}\times\frac{1}{6}$$

$$=\textbf{5775}（通り）$$

←4 人ずつ A，B，C の組に入れる方法は ${}_{12}C_4\times{}_8C_4$（$\times{}_4C_4$）通りある
一方，4 人ずつの 3 つのグループに分けて（x 通り）から A，B，C の組に入れる（3！）とその方法は $x\times3!$ 通りあるから，$x\times3!={}_{12}C_4\times{}_8C_4$　と考えてもよい

(6)　5 人，5 人，2 人の 3 組を順に A，B，C とする。

A，B については，区別をなくすと同じものが 2！通りずつできるから，

$$\frac{{}_{12}C_5\times{}_7C_5（\times{}_2C_2）}{2!}=\frac{12\cdot11\cdot10\cdot9\cdot8}{5\cdot4\cdot3\cdot2\cdot1}\times\frac{7\cdot6}{2\cdot1}\times\frac{1}{2}$$

$$=\textbf{8316}（通り）$$

←A，B 組のメンバーは C 組のメンバーには入れ代えられないから，$\frac{{}_{12}C_5\times{}_7C_5\times（{}_2C_2）}{3!}$ ではないので注意

←${}_7C_5={}_7C_2$

(7)　2 人ずつの 3 組を A，B，C とし，3 人ずつの 2 組を D，E とすると，A，B，C と D，E については，区別をなくすとそれぞれ同じものが 3！通り，2！通りずつできるから，

$$\frac{{}_{12}C_2\times{}_{10}C_2\times{}_8C_2}{3!}\times\frac{{}_6C_3（\times{}_3C_3）}{2!}$$

$$=\frac{12\cdot11}{2\cdot1}\times\frac{10\cdot9}{2\cdot1}\times\frac{8\cdot7}{2\cdot1}\times\frac{1}{6}\times\frac{6\cdot5\cdot4}{3\cdot2\cdot1}\times\frac{1}{2}=\textbf{138600}（通り）$$

←A，B，C 組のメンバーと D，E 組のメンバーは入れ代えられないので別々に考える
$\frac{{}_{12}C_2\times{}_{10}C_2\times{}_8C_2\times{}_6C_3（\times{}_3C_3）}{5!}$ ではないので注意

7　同じものを含む順列

考え方　道順の問題は道路の本数を数えるのでなく，矢印（→，↑など）や「右」「上」などを書き並べて公式を利用しよう。

問7　(1)　s が 3 個，c が 2 個，u，e が 1 個ずつあるから，

$$\frac{7!}{3!\times2!}=\textbf{420}（通り）$$

←$\frac{7!}{3!\times2!（\times1!\times1!）}$

(2)　5 個の→と 4 個の↓を 1 列に並べる順列になるから，

$$\frac{9!}{5!\times4!}=\textbf{126}（通り）$$

←9 個の○に↓を入れる 4 カ所を選ぶと考えて ${}_9C_4$ を計算してもよい　○●○○●●○○●○　→↓→→↓↓→→↓→

練習17　(1)　K，U が 2 個ずつ，G，O，A が 1 個ずつあるから，

$$\frac{7!}{2!\times2!}=\textbf{1260}（通り）$$

←$\frac{7!}{2!\times2!（\times1!\times1!\times1!）}$

(2)　偶数番目は，G 1 個と K 2 個を並べるから，$\frac{3!}{2!}=3$（通り）

奇数番目は，U 2 個と A，O 各 1 個を並べるから，$\frac{4!}{2!}=12$（通り）

よって，$3\times12=\textbf{36}$（通り）

←偶数番目と奇数番目を別々に並べればよい

練習18   (1) 0の後に1を2個，2を3個並べるから，

$$\frac{5!}{2!\times3!}=\textbf{10}（通り）$$

←0○○○○○
ここに1を2個，2を3個並べる

(2) 0を1個，1を2個，2を3個並べた順列から，先頭が0の
ものを除けばよいから，

$$\frac{6!}{2!\times3!}-10=60-10=\textbf{50}（通り）$$

←6桁の整数であるから先頭（十万の位）は0ではない

練習19   (1) AからCへは，3個の→と2個の↑を1列に並べる順列
CからBへは，4個の→と2個の↑を1列に並べる順列
になるから，

$$\frac{5!}{3!\times2!}\times\frac{6!}{4!\times2!}=10\times15=\textbf{150}（通り）$$

←${}_5C_2\times{}_6C_2$を計算してもよい

(2) AからBへは，7個の→と4個の↑を1列に並べる順列
であるから，

$$\frac{11!}{7!\times4!}=330（通り）$$

←${}_{11}C_4$を計算してもよい

Dを通る道順は，A→P→D→Q→Bで，AからPへは
4個の→と1個の↑を1列に並べる順列，QからBへは
2個の→と3個の↑を1列に並べる順列であるから，

←Dを通るときは，PとQを必ず通るので，A→PとQ→
Bの道順を考えればよい

$$\frac{5!}{4!\times1!}\times\frac{5!}{2!\times3!}=5\times10=50（通り）$$

←${}_5C_1\times{}_5C_2$を計算してもよい

よって，Dを通らない道順は，
$330-50=\textbf{280}（通り）$

8 事象と確率

  考え方 問題になっている試行によって起こるすべての場合の数と，問われている事象の起こる場合の
数を調べよう。

問8 (1) 2個のさいころの目の出方は，$6^2=36$通りある。

（i） 目の和が5になるのは，
$(1，4)，(2，3)，(3，2)，(4，1)$
の4通りであるから，求める確率は，

$$\frac{4}{36}=\frac{1}{9}$$

←2個のさいころを大と小のように
区別して考える

←目の和が5になるのは，$(1，4)，$
$(2，3)$の2通りとしないように気
をつけよう

（ii） 目の積が4になるのは，
$(1，4)，(2，2)，(4，1)$
の3通りであるから，求める確率は，

$$\frac{3}{36}=\frac{1}{12}$$

←目の積が4になるのは$(1，4)，$
$(2，2)$の2通りではない

(2) 黒玉と白玉を合わせて7個の玉から4個取り出すのは，${}_7C_4$通りあって，
黒玉3個と白玉1個が出る場合は，${}_4C_3\times{}_3C_1$通りあるから，求める確率は，

$$\frac{{}_4C_3\times{}_3C_1}{{}_7C_4}=\frac{4\times3}{35}=\frac{\textbf{12}}{\textbf{35}}$$

←$\dfrac{{}_4C_3\times{}_3C_1}{{}_7C_4}=\dfrac{{}_4C_1\times{}_3C_1}{{}_7C_3}$
として計算しよう

練習20   男女7人が1列に並ぶのは，7!通りある。

(1) 女子3人をひとまとめにして，男子と合わせて並ぶのは，5!通りあり，

←「順列」の項で学習した考え方

そのおのおのについて女子 3 人の並び方は 3！通りあるから，求める確率は，

$$\frac{5！\times 3！}{7！}=\frac{5\cdot4\cdot3\cdot2\cdot1\times3\cdot2\cdot1}{7\cdot6\cdot5\cdot4\cdot3\cdot2\cdot1}=\frac{1}{7}$$

(2)　両端の男子の並び方は，${}_4P_2$ 通りあり，そのおのおのについて間の 5 人の　　◀ まず男子 2 人が並んで，その間に 5 人が並ぶ
並び方は 5！通りあるから，求める確率は，

$$\frac{{}_4P_2\times5！}{7！}=\frac{2\overset{1}{\cancel{4}}\cdot\overset{1}{\cancel{3}}\times5\cdot4\cdot3\cdot2\cdot1}{7\cdot6\cdot5\cdot4\cdot3\cdot2\cdot1}=\frac{2}{7}$$

練習21　3 枚の硬貨を投げるとき，表と裏の出方は $2^3=8$ 通りある。　　◀ 10 円，50 円，100 円玉の 3 枚と考えてみよう

(1)　3 枚とも裏が出るのは 1 通りであるから，求める確率は，

$$\frac{1}{8}$$

(2)　表が 2 枚，裏が 1 枚出る場合の数は，${}_3C_2$ 通りであるから，求める確率は，　　◀ 表が出る 2 枚を選べば，残りの 1 枚は裏になる
　${}_3C_2\times{}_3C_1$ としないように注意

$$\frac{{}_3C_2}{8}=\frac{3}{8}$$

練習22　(1)　E，N，O，T の 4 文字を 1 列に並べるのは 4！通りあり，NOTE
と並ぶのは，1 通りであるから，求める確率は，

$$\frac{1}{4！}=\frac{1}{24}$$

(2)　母音字の並べ方は 2！通りあり，そのおのおのについて子音字（N，T）の　　◀ 母音字を並べてから 2 番目と 4 番目におく
並べ方は 2！通りある。このうち，NOTE と並ぶのは 1 通りであるから，求　　練習 17(2)と同様の考え方
める確率は，

$$\frac{1}{2！\times2！}=\frac{1}{4}$$

❾ 確率の基本性質

考え方　「少なくとも 1 つは…」は余事象の確率を考えよう。

問9　(1)　ハートは 13 枚，エースは 4 枚，ハートのエースは 1 枚あるから，
求める確率は，

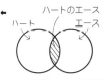

$$\frac{13}{52}+\frac{4}{52}-\frac{1}{52}=\frac{16}{52}=\frac{4}{13}\qquad\text{◀}P(A\cup B)=P(A)+P(B)-P(A\cap B)$$

(2)　白玉と青玉を合わせて 7 個の玉から 2 個を取り出すのは，${}_7C_2$ 通りある。

(i)　2 個とも同じ色が出るのは，白玉の場合 ${}_3C_2$ 通り，青玉の場合 ${}_4C_2$ 通り
あり，互いに排反であるから，求める確率は，

共通部分がないので排反

$$\frac{{}_3C_2}{{}_7C_2}+\frac{{}_4C_2}{{}_7C_2}=\frac{3}{21}+\frac{6}{21}=\frac{9}{21}=\frac{3}{7}\qquad\text{◀}P(A\cup B)=P(A)+P(B)$$

(ii)　「少なくとも 1 個は青玉が出る」事象の余事象は「2 個とも白玉が出る」　　◀「少なくとも 1 個は青玉」の余事象は「1 個も青玉が出ない」すなわち「2 個とも白玉」
事象であるから，求める確率は，

$$1-\frac{{}_3C_2}{{}_7C_2}=1-\frac{3}{21}=1-\frac{1}{7}=\frac{6}{7}\qquad\text{◀ 余事象の確率}$$

練習23　1 から 50 までの整数に，4 の倍数は $\{4\times1，4\times2，\cdots，4\times12\}$ より　　◀
12 個，5 の倍数は $\{5\times1，5\times2，\cdots，5\times10\}$ より 10 個，20 の倍数は，
$\{20\times1，20\times2\}$ の 2 個あるから，求める確率は，

$$\frac{12}{50}+\frac{10}{50}-\frac{2}{50}=\frac{20}{50}=\frac{2}{5}$$

練習24 ▶   2個のさいころの目の出方は $6^2=36$ 通りある。

(1) 目の和が5の倍数になるのは，和が5または10になる場合で，互いに排反である。

和が5 … (1, 4)，(2, 3)，(3, 2)，(4, 1)の4通り

和が10 … (4, 6)，(5, 5)，(6, 4)の3通り

であるから，求める確率は，

$$\frac{4}{36}+\frac{3}{36}=\frac{7}{36}$$

← 目の和が5　目の和が10

共通部分がないので排反

(2) 「出る目が異なる」事象の余事象は「同じ目が出る」事象であるから，求める確率は， $1-\dfrac{6}{36}=\dfrac{5}{6}$

← 余事象の確率

練習25 ▶   合わせて10個の玉から3個取り出すのは，$_{10}C_3$ 通りある。

(1) 3個とも同じ色が出るのは，白玉の場合 $_3C_3$ 通り，黒玉の場合 $_5C_3$ 通りであり，互いに排反であるから，求める確率は，

$$\frac{_3C_3}{_{10}C_3}+\frac{_5C_3}{_{10}C_3}=\frac{1}{120}+\frac{10}{120}=\frac{11}{120}$$

← 赤玉は2個しかないので適さない

(2) 3個とも異なる色が出るのは，赤玉，白玉，黒玉が1個ずつ出る場合であるから，求める確率は，

$$\frac{_2C_1\times_3C_1\times_5C_1}{_{10}C_3}=\frac{30}{120}=\frac{1}{4}$$

← 「3個とも同じ色」の余事象には，赤1，白2などが含まれているから，(1)の結果を利用して
$1-\dfrac{11}{120}=\dfrac{109}{120}$
とするのは誤りである

練習26 ▶   「少なくとも1個不良品が含まれる」事象の余事象は，「3個とも良品である」事象であるから，求める確率は，

$$1-\frac{_9C_3}{_{12}C_3}=1-\frac{84}{220}=1-\frac{21}{55}=\frac{34}{55}$$

← 「少なくとも1つは…」のときは余事象を考えてみよう

独立な試行の確率

考え方 2つの試行が互いの結果に影響を及ぼさない（独立）かどうか調べよう。

問10 (1) 1個のさいころを投げて2以下の目が出る確率は，$\dfrac{2}{6}=\dfrac{1}{3}$

← さいころを投げることと硬貨を投げることは互いに影響を及ぼさないから独立である

1枚の硬貨を投げて裏が出る確率は $\dfrac{1}{2}$ である。

よって，求める確率は，

$$\frac{1}{3}\times\frac{1}{2}=\frac{1}{6}$$

← $P(A)\times P(B)$

(2) 1個のさいころを投げて，1，偶数，5以上の目が出る確率は，それぞれ

$\dfrac{1}{6}$，$\dfrac{3}{6}$，$\dfrac{2}{6}$ であるから，求める確率は，

$$\frac{1}{6}\times\frac{1}{2}\times\frac{1}{3}=\frac{1}{36}$$

← さいころを繰り返し投げるとき，各回の試行は独立である

練習27 ▶   (1) 1回の試行で赤玉が出る確率は $\dfrac{2}{5}$ であるから，2回とも赤玉が出る確率は，

$$\frac{2}{5}\times\frac{2}{5}=\frac{4}{25}$$

← 玉を取り出してもとにもどすので，独立な試行になる

(2)　1回の試行で白玉が出る確率は $\dfrac{3}{5}$ であるから，赤，白の順に出る確率は，　　←順番も考える

$$\dfrac{2}{5}\times\dfrac{3}{5}=\dfrac{\mathbf{6}}{\mathbf{25}}$$

(3)　2回とも赤玉（(1)）または白玉の場合であり，これらは排反であるから，

$$\dfrac{2}{5}\times\dfrac{2}{5}+\dfrac{3}{5}\times\dfrac{3}{5}=\dfrac{\mathbf{13}}{\mathbf{25}}\qquad\qquad\qquad ← P(A)+P(B)$$

練習28　(1)　3人とも命中する確率は，

$$\dfrac{3}{4}\times\dfrac{2}{3}\times\dfrac{1}{2}=\dfrac{\mathbf{1}}{\mathbf{4}}$$

(2)　B，C が的をはずす確率は，それぞれ $1-\dfrac{2}{3}=\dfrac{1}{3}$，$1-\dfrac{1}{2}=\dfrac{1}{2}$　　←はずす場合は命中する場合の余事象

　　よって，求める確率は，

$$\dfrac{3}{4}\times\dfrac{1}{3}\times\dfrac{1}{2}=\dfrac{\mathbf{1}}{\mathbf{8}}$$

(3)　(2)と同様に考えて，B だけが的に命中する確率は，　　←1人だけが命中
　　　　　　　　　　　　　　　　　　　　　　　　　　　　⇔（A が命中，B，C がはずす）または（B
$$\dfrac{1}{4}\times\dfrac{2}{3}\times\dfrac{1}{2}=\dfrac{1}{12}$$　　　　　　　　　　　　が命中，A，C がはずす）または（C が命
　　　　　　　　　　　　　　　　　　　　　　　　　　　　中，A，B がはずす）

　　C だけが的に命中する確率は，$\dfrac{1}{4}\times\dfrac{1}{3}\times\dfrac{1}{2}=\dfrac{1}{24}$

　　よって，1人だけが的に命中する確率は，

$$\dfrac{1}{8}+\dfrac{1}{12}+\dfrac{1}{24}=\dfrac{6}{24}=\dfrac{\mathbf{1}}{\mathbf{4}}$$

(4)　「少なくとも1人は的に命中する」事象の余事象は，「3人とも的をはず
　　す」事象であるから，求める確率は，

$$1-\dfrac{1}{4}\times\dfrac{1}{3}\times\dfrac{1}{2}=1-\dfrac{1}{24}=\dfrac{\mathbf{23}}{\mathbf{24}}\qquad\qquad ← P(\overline{A})=1-P(A)$$

11・　反復試行の確率

考え方　n 回のうち事象 A が r 回だけ起こるときは，A は $n-r$ 回起こらない（余事象）と考えよう。

問11　(1)　さいころを1回投げるとき，偶数の目が出る確率は $\dfrac{1}{2}$

　　であるから，求める確率は，

$${}_4C_2\left(\dfrac{1}{2}\right)^2\left(1-\dfrac{1}{2}\right)^{4-2}=6\times\dfrac{1}{4}\times\dfrac{1}{4}=\dfrac{\mathbf{3}}{\mathbf{8}}$$　　←2回は偶数，残りの2回は奇数が出るのでその確率も考
　　　　　　　　　　　　　　　　　　　　　　　　　　　　　　　　　　　える

(2)　(i)　玉を1回取り出すとき，赤玉が出る確率は $\dfrac{3}{4}$ であるか

　　ら，求める確率は，

$${}_5C_3\left(\dfrac{3}{4}\right)^3\left(1-\dfrac{3}{4}\right)^{5-3}=10\times\dfrac{27}{64}\times\dfrac{1}{16}=\dfrac{\mathbf{135}}{\mathbf{512}}$$　　←赤玉が3回，黒玉が2回出る確率

(ii)　黒玉が4回または5回出る場合であるから，求める確率は，

$${}_5C_4\left(\dfrac{1}{4}\right)^4\left(\dfrac{3}{4}\right)+{}_5C_5\left(\dfrac{1}{4}\right)^5=5\times\dfrac{1}{256}\times\dfrac{3}{4}+\dfrac{1}{1024}$$　　←黒玉が4回，赤玉が1回または黒玉が5回出る確率

$$=\dfrac{15}{1024}+\dfrac{1}{1024}=\dfrac{16}{1024}=\dfrac{\mathbf{1}}{\mathbf{64}}$$

練習29 (1) 4以下の目が x 回出るとすると，5以上の目は

(6−x)回出るから，点 P の座標は，

$$x \times 2 + (6-x) \times (-1) = 2x - 6 + x = \mathbf{3x-6}$$

← (+2)が x 回，(−1)が(6−x)回

(2) 点 P が原点にあるから，$3x-6=0$ より，$x=2$

← (1)で求めた式を利用する

すなわち，4以下の目が2回出る場合であるから，求める確率は，

$${}_6C_2 \left(\frac{4}{6}\right)^2 \left(1 - \frac{4}{6}\right)^{6-2} = 15 \times \frac{4}{9} \times \frac{1}{81} = \mathbf{\frac{20}{243}}$$

← ${}_nC_r\, p^r (1-p)^{n-r}$

(3) 点 P が座標3にあるから，$3x-6=3$ より，$x=3$

すなわち，4以下の目が3回出る場合であるから，求める確率は，

$${}_6C_3 \left(\frac{4}{6}\right)^3 \left(1 - \frac{4}{6}\right)^{6-3} = 20 \times \frac{8}{27} \times \frac{1}{27} = \mathbf{\frac{160}{729}}$$

← ${}_nC_r\, p^r (1-p)^{n-r}$

練習30 (1) 玉を1回取り出すとき，白玉が出る確率は $\frac{2}{3}$ であ

るから，求める確率は，

$${}_5C_3 \left(\frac{2}{3}\right)^3 \left(1 - \frac{2}{3}\right)^{5-3} = 10 \times \frac{8}{27} \times \frac{1}{9} = \mathbf{\frac{80}{243}}$$

← 白玉が3回，赤玉が2回出る確率

(2) 4回目までに2度白玉が出て，5回目に白玉が出る場合であ

るから，求める確率は，

← (1)は，白白赤白赤のように白3回がどこで出てもよい
場合であるから，その違いを理解しておこう

$${}_4C_2 \left(\frac{2}{3}\right)^2 \left(1 - \frac{2}{3}\right)^{4-2} \times \frac{2}{3} = 6 \times \frac{4}{9} \times \frac{1}{9} \times \frac{2}{3} = \mathbf{\frac{16}{81}}$$

(3) 「白玉が2回以上出る」事象の余事象は，「白玉が1回または

白玉が出ない」事象であるから，求める確率は，

← 白玉が2回，3回，4回，5回出る確率を求めて加えて
もよいが，計算が繁雑になるので，余事象を考えよう

$$1 - \left\{ {}_5C_1 \left(\frac{2}{3}\right)^1 \left(1-\frac{2}{3}\right)^4 + {}_5C_0 \left(1-\frac{2}{3}\right)^5 \right\}$$

$$= 1 - \left(5 \times \frac{2}{3} \times \frac{1}{81} + \frac{1}{243} \right) = 1 - \frac{11}{243} = \mathbf{\frac{232}{243}}$$

条件つき確率

考え方 条件つき確率 $P_A(B)$ は，A が起こったとわかった状態で，B が起こる確率を考えよう。

問12 (1) (i) 12人のうち電車通学者は7人いるから，$\dfrac{7}{12}$

← 男女合わせて12人の中で考える

(ii) 女子7人のうち電車通学者は4人いるから，$\dfrac{4}{7}$

← 女子であるとわかったので女子7人の中で考える

(2) 1回目，2回目に取り出した玉が赤玉である事象をそれぞれ

A，B とすると，2個とも赤玉である事象は $A \cap B$ である。

← 2個とも赤＝1回目赤かつ2回目赤
$\qquad\quad$(A)$\qquad\qquad$(B)

$P(A) = \dfrac{5}{9}$，$P_A(B) = \dfrac{4}{8} = \dfrac{1}{2}$ であるから，

← $P_A(B)$…1回目赤が出たとわかったときに2回目に赤が
出る確率

$$\underline{P(A \cap B) = P(A) \times P_A(B)} = \frac{5}{9} \times \frac{1}{2} = \mathbf{\frac{5}{18}}$$

← 乗法定理

練習31 (1) 10の約数のカードは，1，2，5，10の4枚あるから，

$$P(A) = \frac{4}{10} = \frac{2}{5}$$

← 10枚のカードの中で考える

(2) 10の約数で奇数のカードは，1，5の2枚あるから，

$$P_A(B) = \frac{2}{4} = \frac{1}{2}$$

← 10の約数のカードである(A)ことがわかったので，そ
の4枚のカードの中で奇数のもの(B)を考える

(3) 奇数のカードは，1，3，5，7，9の5枚あって，

そのうち，10の約数のカードは，1，5の2枚あるから，

$$P_B(A) = \frac{2}{5}$$

← 奇数のカードである(B)ことがわかったので，その5枚のカードの中で10の約数のもの(A)を考える

(4) 10の約数で奇数のカードは，1，5の2枚あるから，

$$P(A \cap B) = \frac{2}{10} = \frac{1}{5}$$

← 10枚のカードの中で考える。乗法定理
$P(A \cap B) = P(A) \times P_A(B)$ より求めてもよい

練習32 白玉と赤玉が1個ずつになるのは，1回目白玉，2回目赤玉，または1回目赤玉，2回目白玉の場合である。

(1) 取り出した玉をもとに戻すとき，$\dfrac{3}{8} \times \dfrac{5}{8} + \dfrac{5}{8} \times \dfrac{3}{8} = \dfrac{30}{64} = \dfrac{15}{32}$

← 取り出した玉をもとに戻すので2回目に取り出すときも，袋の中には8個の玉が入っている

(2) 取り出した玉をもとに戻さないとき，$\dfrac{3}{8} \times \dfrac{5}{7} + \dfrac{5}{8} \times \dfrac{3}{7} = \dfrac{30}{56} = \dfrac{15}{28}$

← 取り出した玉をもとに戻さないので2回目に取り出すときは，袋の中には，7個の玉が入っている

練習33

(1) Aが当たる確率は，$\dfrac{2}{9}$

← 9本の中に当たりは2本ある

(2) Bが当たるのは，Aが当たりBも当たる場合か，Aがはずれ Bが当たる場合であるから，その確率は，$\dfrac{2}{9} \times \dfrac{1}{8} + \dfrac{7}{9} \times \dfrac{2}{8} = \dfrac{16}{72} = \dfrac{2}{9}$

← 当たりを〇，はずれを×とすると，Bが当たるのは
A　　B
〇 → 〇
× → 〇　のいずれかである

(3) Aが当たり，Bがはずれ，Cが当たる確率は，$\dfrac{2}{9} \times \dfrac{7}{8} \times \dfrac{1}{7} = \dfrac{1}{36}$

← A　　B　　C
〇 → × → 〇

(4) Cが当たるのは，(3)の場合か，Aがはずれ B，Cがともに当たる場合か，A，Bがともにはずれ Cが当たる場合であるから，

$$\dfrac{1}{36} + \dfrac{7}{9} \times \dfrac{2}{8} \times \dfrac{1}{7} + \dfrac{7}{9} \times \dfrac{6}{8} \times \dfrac{2}{7} = \dfrac{1+1+6}{36} = \dfrac{8}{36} = \dfrac{2}{9}$$

← A　　B　　C
〇 → × → 〇 (3)
× → 〇 → 〇 のいずれかである
× → × → 〇
(当たりくじは2本なので，3人とも当たることはない)

13 期待値

考え方 X の値とその確率を表にまとめよう。

問13 (1) (i) 3枚とも裏である確率は，

$$\frac{1}{2} \times \frac{1}{2} \times \frac{1}{2} = \frac{1}{8}$$

← (裏, 裏, 裏)　$\left({}_3C_0\left(1-\frac{1}{2}\right)^3\right)$

(ii) 表が1枚だけ出る確率は，

$$\frac{1}{2} \times \frac{1}{2} \times \frac{1}{2} + \frac{1}{2} \times \frac{1}{2} \times \frac{1}{2} + \frac{1}{2} \times \frac{1}{2} \times \frac{1}{2} = \frac{3}{8}$$

← (表, 裏, 裏)
(裏, 表, 裏)　$\left({}_3C_1\left(\frac{1}{2}\right)\left(1-\frac{1}{2}\right)^2\right)$
(裏, 裏, 表)

(iii) 表が2枚だけ出る確率は，

$$\frac{1}{2} \times \frac{1}{2} \times \frac{1}{2} + \frac{1}{2} \times \frac{1}{2} \times \frac{1}{2} + \frac{1}{2} \times \frac{1}{2} \times \frac{1}{2} = \frac{3}{8}$$

← (表, 表, 裏)
(表, 裏, 表)　$\left({}_3C_2\left(\frac{1}{2}\right)^2\left(1-\frac{1}{2}\right)\right)$
(裏, 表, 表)

(iv) 3枚とも表である確率は，

$$\frac{1}{2} \times \frac{1}{2} \times \frac{1}{2} = \frac{1}{8}$$

← (表, 表, 表)　$\left({}_3C_3\left(\frac{1}{2}\right)^3\right)$

したがって，それぞれの確率は下表のようになる。

X	0	1	2	3	計
確率	$\dfrac{1}{8}$	$\dfrac{3}{8}$	$\dfrac{3}{8}$	$\dfrac{1}{8}$	1

← 同じコインを3回投げると考え，上の(　)内のように反復試行の確率を用いてもよい

(2)　X の期待値は,

$$0 \cdot \frac{1}{8} + 1 \cdot \frac{3}{8} + 2 \cdot \frac{3}{8} + 3 \cdot \frac{1}{8} = \frac{3}{2} \text{(枚)}$$

練習34　出る目を X とすると, どの目が出る確率も $\frac{1}{6}$ であるから, それぞれ

の確率は下表のようになる。

X	1	2	3	4	5	6	計
確率	$\frac{1}{6}$	$\frac{1}{6}$	$\frac{1}{6}$	$\frac{1}{6}$	$\frac{1}{6}$	$\frac{1}{6}$	1

したがって, 出る目の期待値は,

$$1 \cdot \frac{1}{6} + 2 \cdot \frac{1}{6} + 3 \cdot \frac{1}{6} + 4 \cdot \frac{1}{6} + 5 \cdot \frac{1}{6} + 6 \cdot \frac{1}{6} = \frac{7}{2}$$

練習35　取り出される白玉の個数を X とする。

(ⅰ)　$X = 0$ のとき

赤玉 3 個を取り出す場合であるからその確率は,

$$\frac{{}_3 C_3}{{}_5 C_3} = \frac{1}{10}$$

(ⅱ)　$X = 1$ のとき

白玉 1 個, 赤玉 2 個を取り出す場合であるからその確率は,

$$\frac{{}_2 C_1 \times {}_3 C_2}{{}_5 C_3} = \frac{6}{10}$$

← 期待値の計算のため約分せずに分母を 10 とした

(ⅲ)　$X = 2$ のとき

白玉 2 個, 赤玉 1 個を取り出す場合であるからその確率は,

$$\frac{{}_2 C_2 \times {}_3 C_1}{{}_5 C_3} = \frac{3}{10}$$

したがって, それぞれの確率は下表のようになる。

X	0	1	2	計
確率	$\frac{1}{10}$	$\frac{6}{10}$	$\frac{3}{10}$	1

よって, 取り出される白玉の個数の期待値は,

$$0 \cdot \frac{1}{10} + 1 \cdot \frac{6}{10} + 2 \cdot \frac{3}{10} = \frac{6}{5} \text{(個)}$$

賞金額を X（円）とする。

はずれくじは $10-1-2=7$ 本あるから，それぞれの確率は下表のようになる。

X	0	200	500	計
確率	$\dfrac{7}{10}$	$\dfrac{2}{10}$	$\dfrac{1}{10}$	1

したがって，賞金額の期待値は，

$0 \cdot \dfrac{7}{10} + 200 \cdot \dfrac{2}{10} + 500 \cdot \dfrac{1}{10} = \mathbf{90}$（円）

また，100 円払ってこのくじを引くことは**得とはいえない。**　　←期待値 90 円よりも高いから得とはいえない

14 角の二等分線と比

考え方　線分を $m:n$ に内分するときは，線分を $(m+n)$ 等分に，外分するときは，線分を $|m-n|$ 等分にする。角の二等分線の問題では，対辺の線分比を考えよう。

問 14

(1)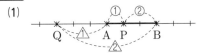

←内分は，まず AB を $(2+1)$ 等分して考える
　外分は，まず AB を $(2-1)$ 等分して考える

(2) 角の二等分線の性質より，

　$BD:DC=6:8=3:4$　　←∠A の二等分線について $BD:DC=AB:AC$

　よって，$CD=\dfrac{4}{3+4}BC=\dfrac{4}{7}\times 7=\mathbf{4}$　　←$CD=x$ とすると，$BD=7-x$ であるから
　　　　　　　　　　　　　　　　　　　　　　　　　$CD:BD=x:(7-x)=4:3$ として x を求めてもよい

練習37

(1)　(i), (ii)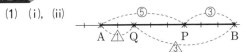

←内分であるから，AB を(i)は $(5+3)$ 等分，(ii)は $(3+1)$ 等分する
←AB を…のときは A から B へ，BA を…のときは B から A へとする
　向きに注意しよう

(2)　(i), (ii)

←外分であるから，AB を(i)は $(5-2)$ 等分，(ii)は $(4-1)$ 等分する
←(ii)は B からであるので注意しよう

練習38

(1) 角の二等分線の性質より，

　$AD:DC=8:4=2:1$　　←∠B の二等分線について，$AD:DC=BA:BC$

　$CD=2$ より，$AD:2=2:1$

　ゆえに，$\mathbf{AD=4}$

(2) (1)より，$AC=AD+DC=4+2=6$

　外角の二等分線の性質より，

　$BE:EC=8:6=4:3$　　←∠A の外角の二等分線について $BE:EC=AB:AC$

　$BE=x$ とすると，$EC=x-4$ であるから，

　$x:(x-4)=4:3$ より，$4(x-4)=3x$　　←$x:(x-4)=4:3$（外項の積＝内項の積）

　$x=16$　ゆえに，$\mathbf{BE=16}$

練習39

(1)　外角の二等分線の性質より，BE：EC＝7：3　　　←∠A の外角の二等分線について，BE：EC＝AB：AC
　　　よって，BC：BE＝(BE－EC)：BE＝**4：7**

(2)　BC＝5 であるから，(1)より，5：BE＝4：7

　　　4BE＝35 より，BE＝$\dfrac{35}{4}$

　　　また，角の二等分線の性質より，BD：DC＝7：3　　←∠A の二等分線について，BD：DC＝AB：AC

　　　よって，BD＝$\dfrac{7}{7+3}$BC＝$\dfrac{7}{2}$

　　　ゆえに，DE＝BE－BD＝$\dfrac{35}{4}-\dfrac{7}{2}=\dfrac{21}{4}$

15 外　心

考え方　外心と頂点を結ぶ線分の長さは等しいので，二等辺三角形をつくってみよう。
外接円をかいて，円周角や中心角の関係を利用しよう。

問15

点 O は外心であるから，OA＝OB＝OC　　　　　　　←このことから，二等辺三角形が 3 つできるので，その
性質を利用する
よって，△OAB と△OAC は二等辺三角形である。
ゆえに，∠OAB＝∠OBA＝20°，∠OAC＝∠OCA＝30°
したがって，x＝20°＋30°＝**50°**
また，△OBC は二等辺三角形であるから，∠OCB＝∠OBC＝y　　←△ABC の外接円を考えて，∠BOC＝2×∠BAC＝100°
△OBC で 100°＋2y＝180°
よって，y＝40° としてもよい
よって，∠A＋∠B＋∠C＝50°＋(20°＋y)＋(30°＋y)＝180°
ゆえに，**y＝40°**

練習40

(1)　点 O は外心であるから，OB＝OC
　　　よって，△OBC は二等辺三角形であるから，
　　　　∠BOC＋2×18°＝180°，∠BOC＝144°
　　　点 O を中心とする△ABC の外接円を考えると，

　　　$x=\dfrac{1}{2}×∠BOC＝$**72°**　　　　　　　　　←$\overset{\frown}{BC}$ について，(円周角)＝$\dfrac{1}{2}$×(中心角)

　　　△ABC の内角について
　　　　72°＋(y＋18°)＋(18°＋32°)＝180°より，**y＝40°**

(2)　点 O は外心であるから，OA＝OB＝OC
　　　よって，△OAB は二等辺三角形であるから，　　　←△ABC の外接円を考えて，
∠A＝$\dfrac{1}{2}$×∠BOC＝$\dfrac{1}{2}$×160°＝80°
よって，∠OAC＝80°－∠OAB＝30°
△OAC は二等辺三角形であるから，
x＝∠OAC＝30° としてもよい
　　　　∠OBA＝∠OAB＝50°
　　　ゆえに，∠AOB＝180°－50°×2＝80°
　　　点 O の周りの角について，
　　　　160°＋80°＋y＝360°より，**y＝120°**
　　　△OAC は二等辺三角形であるから，
　　　　2x＋120°＝180°より，**x＝30°**

(3)　$\overset{\frown}{\text{AC}}$ に関する円周角と中心角の関係より，

　　　∠AOC＝2×∠ABC＝40°

　　点 O は外心であるから，OA＝OB＝OC

　　よって，△OAC は二等辺三角形であるから，

　　　2y＋40°＝180°より，$\boldsymbol{y=70°}$

　　△ABC において，∠BAC＝180°－20°－45°＝115°

　　よって，∠OAB＝115°－70°＝45°

　　△OAB は二等辺三角形であるから，∠OBA＝∠OAB＝45°

　　ゆえに，x＋20°＝45°より，$\boldsymbol{x=25°}$

← $\overset{\frown}{\text{AB}}$ に関する円周角と中心角の関係より
　　∠AOB＝2×∠ACB＝2×45°＝90°
　よって，△OAB は直角二等辺三角形
　ゆえに，x＋20°＝45°より x＝25°としてもよい

練習41

点 O は外心であるから，OA＝OB＝OC　…①より，△OAB と△OAC は
二等辺三角形である。条件より，∠OBA＝∠OAB＝∠OAC＝∠OCA であるから，
∠AOB＝∠AOC　…②

①，②より，△OAB≡△OAC

ゆえに，AB＝AC であるから，△ABC は二等辺三角形である。

← ∠B＝∠OBA＋∠OBC
　　＝∠OCA＋∠OCB
　　＝∠C
　を示してもよい

←（合同条件）2 辺とそのはさむ角が等しい

16 内 心

考え方　内心と頂点を結ぶ直線は角の二等分線であるので，その性質を利用しよう。

問 16

(1)　線分 BI，CI はそれぞれ∠B，∠C の二等分線であるから，

　　　∠IBC＝30°，∠ICB＝25°

　　よって，△IBC について，

　　　x＋30°＋25°＝180°より，$\boldsymbol{x=125°}$

←（内角の和）＝180°

(2)　線分 BD は∠B の二等分線であるから，

　　　AD：DC＝BA：BC＝6：9＝2：3

　　よって，AD＝$\dfrac{2}{2+3}$AC＝2

　　また，線分 AI は∠A の二等分線であるから，

　　　BI：ID＝AB：AD

　　　　　　＝6：2＝**3：1**

←角の二等分線の性質

←角の二等分線の性質

練習42

(1)　∠A＝2x，∠B＝2×30°＝60°，∠C＝2×35°＝70°であるから，

　　　2x＋60°＋70°＝180°より，$\boldsymbol{x=25°}$

←線分 AI は∠A の二等分線より，∠A＝2x

(2)　∠A＋∠B＋∠C＝180°より，

　　　∠B＋∠C＝180°－80°＝100°…①

　　I は内心であるから，線分 BI，CI はそれぞれ∠B，∠C の二等分
　　線である。

　　よって，△IBC の内角について，

　　　$\dfrac{1}{2}$×∠B＋$\dfrac{1}{2}$×∠C＋x＝180°

　　　　　∠B＋∠C＋2x＝360°

　　①を代入して，100°＋2x＝360°より，$\boldsymbol{x=130°}$

←∠B＋∠C の値を求めておく

←x を∠B＋∠C で表すことができる

練習43

(1) 線分 AD は∠A の二等分線であるから，

　　　BD：DC＝AB：AC＝8：6＝4：3

←角の二等分線の性質

　　よって，BD＝$\dfrac{4}{4+3}$BC＝4

←CD を求めてから，CI が∠C の二等分線であることを用いて AI：ID＝CA：CD より求めてもよい

　　線分 BI は∠B の二等分線であるから，

　　　AI：ID＝BA：BD＝8：4＝**2：1**

(2) (1)より，BD：DC＝4：3 であるから，

　　　△ABD＝$\dfrac{4}{7}$△ABC　…①

←△ABD と△ABC は BD，BC を底辺と考えれば高さが同じであるから，面積比は底辺の比になる

　　また，AI：ID＝2：1 であるから，

　　　△BID＝$\dfrac{1}{3}$△ABD　…②

←△BID と△ABD は ID，AD を底辺と考えれば高さが同じであるから，面積比は底辺の比になる

　　①を②に代入して，

　　　△BID＝$\dfrac{1}{3}\cdot\dfrac{4}{7}$△ABC＝$\dfrac{4}{21}$△ABC

←△ABC：△BID＝△ABC：$\dfrac{4}{21}$△ABC

　　ゆえに，**△ABC：△BID＝21：4**

$=1：\dfrac{4}{21}=21：4$

練習44

　　線分 BI は∠B の二等分線であるから，

　　　　　　　∠DBI＝∠CBI　…①

　　DE∥BC であるから，∠DIB＝∠CBI　…②

←錯角が等しい

　　①，②より，∠DBI＝∠DIB であるから，△DBI は二等辺三角形である。

　　よって，BD＝DI　…③

　　同様にして，△ECI は二等辺三角形であるから，CE＝EI　…④

←∠EIC＝∠ECI を示せばよい

　　③，④より，BD＋CE＝DI＋EI＝DE

17 重 心

重心は，中線（頂点と対辺の中点を結ぶ線分）を2：1に内分する点であることを活用しよう。

問17

(1) 点 G は重心であるから，点 M は辺 BC の中点で AG：GM＝2：1 である。

　　△ABM と△ABC は BM，BC を底辺と考えれば高さが同じであるから，面積比は底辺の比に等しい。

　　よって，△ABC：△ABM＝BC：BM＝2：1　…①

←点 M は BC の中点より

　　また，△ABM と△BGM は AM，GM を底辺と考えれば同様に，高さが同じであるから，

　　　△ABM：△BGM＝AM：GM＝3：1　　…②

←①より，△ABC：△ABM＝6：3 これと②を合わせて考える

　　①，②より，**△ABC：△BGM＝6：1**

(2) 線分 AC と BD の交点を O とすると，O は AC の中点であるから，△ABC の重心 G は線分 BO を2：1に内分する点である。同様に，O は BD の中点であるから，△BCD の重心 G′ は線分 CO を2：1に内分する点である。

←重心 G は中線 BO 上にある

←重心 G′ は中線 CO 上にある

　　よって，BG：GO＝CG′：G′O＝2：1 より，

　　　GG′∥BC，BC：GG′＝OB：OG＝**3：1**

←AD：DB＝AE：EC ⇔DE∥BC

練習45 ▶　G は△ABC の重心であるから，AG：GD＝2：1

よって，△ABG：△BDG＝2：1　…①

また，D は BC の中点であるから，△BDG：△CDG＝1：1　…②

①，②より，**△ABG：△CDG＝2：1**

← AG，GD を底辺と考えれば高さが等しいので，面積比は底辺の比になる

← BD，CD を底辺と考えれば高さが等しいので，面積比は底辺の比になる

練習46 ▶

(1)　△ABD において，線分 BE，AO は中線であるから，交点 F は重心である。

よって，AF：FO＝2：1より，FO＝1

ゆえに，AO＝2＋1＝3であるから，

　　AC＝2×AO＝**6**

← 平行四辺形の対角線の交点は対角線を2等分する

(2)　△BAO と△BFO は AO，FO を底辺と考えれば高さが同じであるから，面積

比は底辺の比に等しい。

よって，AO：FO＝3：1より，

　　△BAO＝3×△BFO　…①

また，平行四辺形 ABCD＝4△BAO　…②

①，②より，平行四辺形 ABCD＝4・3・△BFO＝12△BFO

ゆえに，**平行四辺形 ABCD：△BFO＝12：1**

← 平行四辺形の2本の対角線は面積を4等分することを使ったが，面積比は底辺の比に等しいことから求めてもよい

18・ メネラウスの定理，チェバの定理

考え方 メネラウスの定理，チェバの定理は式の性質（しりとり構造）を押さえておこう。

問18

(1)　メネラウスの定理より，

$$\frac{2}{4} \times \frac{BQ}{QC} \times \frac{2}{3} = 1$$

よって，$\dfrac{BQ}{QC} = 3$

ゆえに，**BQ：QC＝3：1**

← $\dfrac{AP}{PB} \times \dfrac{BQ}{QC} \times \dfrac{CR}{RA} = 1$　→のように「しりとり」をする

← $3 = \dfrac{3}{1}$

(2)　チェバの定理より，

$$\frac{2}{1} \times \frac{3}{1} \times \frac{CR}{RA} = 1$$

よって，$\dfrac{CR}{RA} = \dfrac{1}{6}$

ゆえに，**AR：RC＝6：1**

← $\dfrac{AP}{PB} \times \dfrac{BQ}{QC} \times \dfrac{CR}{RA} = 1$

練習47

(1) (i) メネラウスの定理より,

$$\frac{BD}{DC} \times \frac{CF}{FA} \times \frac{AE}{EB} = 1$$

$$\frac{BD}{DC} \times \frac{3}{6} \times \frac{2}{4} = 1$$

よって, $\dfrac{BD}{DC} = 4$ より,

BD : DC = 4 : 1

◀ A からスタートして $\dfrac{AE}{EB} \times \dfrac{BD}{DC} \times \dfrac{CF}{FA} = 1$ としてもよい どこからでも定理を使えるようにしておこう

(ii) メネラウスの定理より,

$$\frac{FD}{DE} \times \frac{EB}{BA} \times \frac{AC}{CF} = 1$$

$$\frac{FD}{DE} \times \frac{4}{6} \times \frac{3}{3} = 1$$

よって, $\dfrac{FD}{DE} = \dfrac{3}{2}$ より,

FD : DE = 3 : 2

◀ △AEF と直線 BC についてメネラウスの定理を用いている

(2) (i) メネラウスの定理より,

$$\frac{AP}{PB} \times \frac{BC}{CQ} \times \frac{QO}{OA} = 1$$

$$\frac{3}{4} \times \frac{BC}{CQ} \times \frac{2}{4} = 1$$

よって, $\dfrac{BC}{CQ} = \dfrac{8}{3}$ より, BC : CQ = 8 : 3

ゆえに, **BQ : QC = 5 : 3**

◀ △ABQ と直線 PC についてメネラウスの定理を用いている

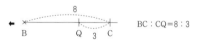

BC : CQ = 8 : 3

(ii) チェバの定理より,

$$\frac{AR}{RC} \times \frac{CQ}{QB} \times \frac{BP}{PA} = 1$$

$$\frac{AR}{RC} \times \frac{3}{5} \times \frac{4}{3} = 1$$

よって, $\dfrac{AR}{RC} = \dfrac{5}{4}$ より, **AR : RC = 5 : 4**

◀(i)より

練習48

(1) メネラウスの定理より,

$$\frac{AB}{BP} \times \frac{PR}{RC} \times \frac{CQ}{QA} = 1$$

$$\frac{3}{1} \times \frac{PR}{RC} \times \frac{1}{3} = 1$$

よって, $\dfrac{PR}{RC} = 1$ より, **PR : RC = 1 : 1**

◀ △APC と直線 BQ についてメネラウスの定理を用いている

◀ このことから, 点 R は PC の中点であることがわかる

(2) △CAB : △CPB = 3 : 1 より,

$$\triangle CPB = \frac{1}{3} \triangle CAB = \frac{1}{3} \times 24 = 8$$

また, (1)より点 R は PC の中点であるから,

$$\triangle BCR = \frac{1}{2} \triangle CPB = \frac{1}{2} \times 8 = \textbf{4}$$

◀ △CAB, △CPB の底辺をそれぞれ AB, BP と考えれば, 高さが等しいので, 面積比は底辺の比になる すなわち, △CAB : △CPB = AB : BP = 3 : 1

19 三角形の辺と角の大小

考え方 三角形の存在を調べるには，2辺の和が他の辺よりも大きいことを確かめよう。

問19 (1)　$9+6>5$，$6+5>9$，$5+9>6$ が成立するので，
三角形は存在する。

← 三角形の存在をいうには3つの不等式を示せばよい

(2)　$4+5>9$ は成立しないので，**三角形は存在しない。**

← 三角形が存在しないことは1つの不等式が成立しないことを示せばよい

練習49 (1)　$\triangle ABC$ が存在するのは次の3つの不等式が成り立つときである。

← 連立不等式はそれぞれの不等式の解の共通範囲を求める

$$\begin{cases} 9+x>5 & \cdots① \\ x+5>9 & \cdots② \\ 5+9>x & \cdots③ \end{cases}$$

①より，$x>-4$
②より，$x>4$
③より $x<14$
$\triangle ABC$ が存在するような x の値の範囲は，これらの共通範囲を求めて，
$$4<x<14$$

(2)　$\angle A$ が最大の角となるのは，BC が最大の辺となるときである。
$(5=)AB<BC(=9)$ が成り立つので，$CA<BC$ から x の範囲は，
$$x<9$$
(1)の結果とあわせると，$\angle A$ が最大の角である x の値の範囲は，
$$4<x<9$$

20 円周角

考え方 円周角の定理を活用しよう。
4点が同一円周上にあることの証明法には，円周角の定理の逆を利用する方法がある。

問20 (1)　$\angle ACB$ は，点 C を含まない $\overset{\frown}{AB}$ の円周角で，中心角は $(360°-x)$ であるから，円周角の定理より
$$360°-x=110°×2$$
よって，$\boldsymbol{x=140°}$

← (円周角)$=\dfrac{1}{2}×$(中心角)より，(中心角)$=2×$(円周角)

(2)　$\angle ABD=\angle ACD(=60°)$ であるから，円周角の定理の逆より，四角形 ABCD は円に内接する。
$\triangle ABD$ において，$\angle ADB=180°-75°-60°=45°$

← 次の単元「円に内接する四角形」の対角の和$=180°$
　$75°+(60°+y)=180°$ より求めてもよい

$\overset{\frown}{AB}$ に対する円周角は等しいから，
$$y=\angle ADB=\boldsymbol{45°}$$

← 円周角の定理

練習50 (1)　円周角の定理より，$\angle BAC=\angle BDC=30°$
よって，$x=40°+30°=\boldsymbol{70°}$

← 線分 AC と BD の交点を E とすると，$\angle BEC$ は $\angle BEA$ の外角

(2)　円周角の定理より，$\angle BOC=2×\angle BAC=2x$
よって，$2x+130°=180°$ より，$\boldsymbol{x=25°}$

← $\angle AOB=130°$，$\triangle OAB$ は $OA=OB(=$半径$)$ の二等辺三角形であるから，$2x+130°=180°$ としてもよい

　円に内接する四角形 (1)

考え方　円に内接する四角形は，対角の和が 180°である。1 つの内角とその対角の外角が等しいことは図で理解しておこう。

問21

(1) (i) 四角形 ABCD は円に内接しているから，

$\angle$A＋$\angle$C＝180°より，$\angle$A＝180°－75°＝105°　　　　← 対角の和は 180°

よって，△ABD において，

30°＋105°＋x＝180°より，***x*＝45°**　　　　← 三角形の内角の和は 180°

(ii) 四角形 ABCD は円に内接しているから，

$\angle$A＋$\angle$C＝180°より，$\angle$A＝180°－y　　　　← 対角の和は 180°

△ABE において，$\angle$A＋$\angle$B＋$\angle$E＝180°より

（180°－y）＋65°＋35°＝180°　　よって，***y*＝100°**　　　　← 三角形の内角の和は 180°

(2) 四角形 ABQP は円に内接しているから，

$\angle$APQ＝$\angle$ABQ′ …①　　　　← 1 つの内角と対角の外角は等しい

一方，円周角の定理より

$\angle$ABQ′＝$\angle$AP′Q′ …②　　　　← $\overparen{\mathrm{AQ'}}$ に対する円周角

①，②より，$\angle$APQ＝$\angle$AP′Q′　　　　← 錯角が等しい

ゆえに，PQ∥P′Q′

練習51

(1) 四角形 ABCD は円に内接しているから，

$\angle$A＋$\angle$C＝180°より，$\angle$A＝180°－120°＝60°　　　　← 対角の和は 180°

△ABD は AB＝AD であるから正三角形である。　　　　← $\angle$B＝$\angle$D で$\angle$A＝60°より，$\angle$A＝$\angle$B＝$\angle$D＝60°

よって，$\angle$ABC＝60°＋x

これが，$\angle$ADC の外角に等しいから，　　　　← 1 つの内角と対角の外角は等しい

60°＋x＝100°より，***x*＝40°**

(2) △ABE について，$\angle$A＝180°－50°－35°＝95°

四角形 ABCD は円に内接しているから，$\angle$A＝$\angle$DCE　　　　← 1 つの内角と対角の外角は等しい

よって，***x*＝95°**

(3) 円周角の定理より，$\angle$BAC＝$\angle$BDC＝35°　　　　← $\overparen{\mathrm{BC}}$ に対する円周角

よって，$\angle$BAD＝35°＋40°＝75°

四角形 ABCD は円に内接しているから，

x＝$\angle$BAD＝**75°**　　　　← 1 つの内角と対角の外角は等しい

(4) 四角形 ABCD は円に内接しているから，$\angle$DCF＝x　　　　← 1 つの内角と対角の外角は等しい

$\angle$CDF は$\angle$ADE の外角であるから，$\angle$CDF＝x＋38°

よって，△CDF について，42°＋x＋（x＋38°）＝180°

2x＋80°＝180°より，***x*＝50°**

練習52

(1) 四角形 ABCD は円に内接しているから，$\angle$BCD＝$\angle$DAE　　　　← 1 つの内角と対角の外角は等しい

また，$\angle$DAE＝$\angle$DAC であるから，$\angle$BCD＝$\angle$DAC …①

(2) 円周角の定理より，$\angle$CBD＝$\angle$DAC …②　　　　← $\overparen{\mathrm{CD}}$ に対する円周角

①，②より，$\angle$CBD＝$\angle$BCD

ゆえに，△BCD は二等辺三角形である。

円に内接する四角形（2）

考え方　4点が同一円周上にあることの証明法には，四角形をつくって対角の和が180°か，または，1つの内角がその対角の外角に等しいか，を調べる方法がある。

問22

(1)　∠B＋∠D＝70°＋110°＝180°より，四角形 ABCD は円に**内接する**。

(2)　(i)　四角形 AEPF において，∠AEP＋∠AFP＝180°であるから，　　←対角の和が180°の四角形は円に内接する
円に内接する。

(ii)　△ACD と△APF において，∠CAD＝∠PAF，∠ADC＝∠AFP（＝90°）
であるから，△ACD∽△APF　　　　　　　　　　　　　　　　　←2角が等しい
よって，∠ACD＝∠APF　…①
また，(i)より四角形 AEPF の外接円を考えると，∠APF＝∠AEF　…②　←$\overset{\frown}{\mathrm{AF}}$ の円周角
①，②より，∠ACD＝∠AEF　　　　　　　　　　　　　　←1つの内角とその対角の外角が等しい
ゆえに，四角形 BCFE は円に内接する。　　　　　　　　　　　四角形は円に内接する

練習53

(1)　四角形 CDPF は円に内接しているから，
∠BDP＝∠CFP　…①　　　　　　　　　　←円に内接する四角形の1つの内角とその対角の外角が等しい

(2)　四角形 BDPE は円に内接しているから，
∠BDP＝∠AEP　…②　　　　　　　　　　←円に内接する四角形の1つの内角とその対角の外角が等しい
①，②より，∠CFP＝∠AEP
よって，4点 A，E，P，F は同一円周上にある。　　←1つの内角とその対角の外角が等しい四角形は円に内接する

練習54

△ABE と△BCD において，
∠BAE＝∠CBD（＝60°），AB＝BC，∠ABE＝∠BCD　　　　←(合同条件)辺とその両端の角がそれぞれ等しい
であるから，△ABE≡△BCD
よって，∠AEB＝∠BDC
ゆえに，四角形 ADFE について，1つの内角とその対角の外角が
等しいので，円に内接する。
すなわち，4点 A，D，F，E は同一円周上にある。

接線と弦

考え方　円の外部から引いた2本の接線の長さが等しいこと，また，角については接弦定理を利用しよう。

問23

(1)　線分 CQ，CR は点 C から内接円に引いた接線の長さであるから，
CQ＝CR＝3　　　　　　　　　　　　　　←2本の接線の長さは等しい
よって，BQ＝BC－CQ＝6
同様に，BP＝BQ＝6 より，AP＝AB－BP＝5
ゆえに，AR＝AP＝**5**

(2)　(i)　接弦定理より，x＝∠ACB＝**70°**

(ii)　接弦定理より，∠CBP＝∠BCP＝75°
よって，△BCP について，y＋75°×2＝180°　y＝**30°**

練習55

(1)　直線 BO と円との B と異なる交点を P とすると，

$$\angle\text{APB}=\frac{1}{2}\times\angle\text{AOB}=25°$$

　　　　　　　　　　　　　　　　　　　　　　　　　　　← (円周角)＝$\frac{1}{2}$×(中心角)

よって，接線 l と弦 AB について接弦定理より，

　　$x=\angle\text{APB}=\textbf{25°}$

(2)　四角形 ABCD は円に内接しているから，

$$\angle\text{ABC}=180°-100°=80°$$

　　　　　　　　　　　　　　　　　　　　　　　　　　　← 円に内接する四角形の対角の和は 180°

接線 l と弦 AC について接弦定理より，

　　$x=\angle\text{ABC}=\textbf{80°}$

(3)　接線 l と弦 AD について接弦定理より，$\angle\text{ABD}=50°$ であるから，

$$\angle\text{BAD}=180°-35°-50°=95°$$

四角形 ABCD は円に内接しているから，

$$\angle\text{BAD}+\angle\text{BCD}=95°+x=180°$$

　　　　　　　　　　　　　　　　　　　　　　　　　　　← 円に内接する四角形の対角の和は 180°

よって，$\boldsymbol{x=85°}$

(4)　円周角の定理より，$\angle\text{ABD}=\angle\text{ACD}=x$　　　　　　← $\overset{\frown}{\text{AD}}$に対する円周角

線分 BD は直径であるから，$\angle\text{BAD}=90°$　　　　　　← △ABD で考える

また，接線 l と弦 AB について，接弦定理より，$\angle\text{ADB}=40°$ であるから，

　　$x+40°+90°=180°$ より，$\boldsymbol{x=50°}$

練習56

直線 AP，AS は円の接線であるから，AP＝AS　　　…①　　　　← 辺 AB が円に接しているから，直線 AB は円の接線である

同様に，BP＝BQ　…②，CQ＝CR　…③　DR＝DS　…④

よって，AB＋CD＝(AP＋PB)＋(CR＋RD)　　　　　　← AB，CD を AP，PB，CR，RD で表す

　　　　　　　　　　＝(AS＋BQ)＋(QC＋SD)　　　　　← ①，②，③，④より

　　　　　　　　　　＝(AS＋SD)＋(BQ＋QC)＝AD＋BC　　← 順番を並びかえる

ゆえに，AB＋CD＝AD＋BC が成り立つ。

練習57

接線 ST と弦 CP について接弦定理より，$\angle\text{CAP}=\angle\text{CPT}$　　…①

接線 ST と弦 DP について接弦定理より，$\angle\text{DBP}=\angle\text{DPS}$　　…②

$\angle\text{CPT}$ と $\angle\text{DPS}$ は対頂角であるから，$\angle\text{CPT}=\angle\text{DPS}$　…③

①～③より

　　$\angle\text{CAP}=\angle\text{CPT}=\angle\text{DPS}=\angle\text{DBP}$　　　　← $\angle\text{CAP}=\angle\text{CPT}=\angle\text{DPS}=\angle\text{DBP}$
　　　　　　　　　　　　　　　　　　　　　　　　　　　　　　　$\uparrow$　　$\uparrow$　　$\uparrow$
ゆえに，錯角が等しいので，AC∥DB　　　　　　　　　　　①　　③　　②

 24・　方べきの定理

考え方　円と交わる線分の長さに関する問題は，方べきの定理を活用しよう。
　　　　　4 点が同一円周上にあることの証明法には，方べきの定理の逆を利用する方法がある。

問24

(1)　方べきの定理を用いて，$6\times(6+x)=4\times(4+8)$　　　　← PC・PD＝PA・PB

　　$36+6x=48$ より，$\boldsymbol{x=2}$

(2)　方べきの定理を用いて，$3\times(3+x)=6^2$　　　　　　　　← PA・PB＝PT^2

　　$9+3x=36$ より，$\boldsymbol{x=9}$

練習58

(1)　半径 4 の円であるから，$PC=x-4$

よって，方べきの定理を用いると，

$(x-4)(x+4)=2\times(2+6)$ ←PC・PD=PA・PB

$x^2-16=16$　$x^2=32$

$x>0$ より，$\boldsymbol{x=4\sqrt{2}}$

(2)　線分 AB は直径で $AB\perp CD$ より，点 P は弦 CD の中点であるから，←円の弦に垂直に交わる直線が中心を通るならば，その直線は弦を二等分する

$PD=4$

また，直径 $AB=2x$ より，$PB=2x-2$

よって，方べきの定理を用いると，

$2\times(2x-2)=4^2$ ←PA・PB=PC・PD

$4x-4=16$ より，$\boldsymbol{x=5}$

練習59

(1)　$\boldsymbol{PC=3-x}$，$\boldsymbol{PD=3+x}$

(2)　方べきの定理を用いると，

$(3-x)(3+x)=5$ ←PC・PD=PA・PB

$9-x^2=5$　$x^2=4$

$x>0$ より，$x=2$

よって，$\boldsymbol{OP=2}$

練習60

円 O について，方べきの定理を用いると，

$PA\cdot PB=PC\cdot PD$　…①

←2 つの円のそれぞれについて，方べきの定理を用いる

円 O′ について，方べきの定理を用いると，

$PA\cdot PB=PE\cdot PF$　…②

①，②より，$PC\cdot PD=PE\cdot PF$

←この式が成り立つとき，4 点 C，D，E，F は同一円周上にある

よって，方べきの定理の逆より，4 点 C，D，E，F は同一円周上にある。

25 2円の位置関係

考え方　2円の位置関係を調べるときは，2円の半径と中心間の距離の関係を利用しよう。

2円の共通接線の長さは，直角三角形をさがして三平方の定理を用いて求めよう。

問25

(1)　2 円が 2 点で交わるから，$7-2<d<7+2$ ←$r=7$，$r'=2$ とすると，2 点で交わる条件は $r-r'<d<r+r'$

$\boldsymbol{5<d<9}$

(2)　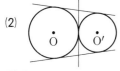　左図より，共通接線の本数は，$\boldsymbol{3本}$

練習61

2 円 O，O′ の半径をそれぞれ r，r'，中心間の距離を d とすると，$r=5$，$r'=2$ ←r，r'，d の関係式を調べる

(1)　$d=3$ とすると，$d=r-r'$ が成り立つから，2 円 O，O′ は

内接する。

(2)　$d=2$ とすると，$d<r-r'$ が成り立つから，円 O′ が円 O の

内部にある。

練習62

2つの円の半径を r, r'（$r \geq r'$），中心間の距離を d とすると，　　← r と r' の連立方程式をつくる

$d = 8$ のとき外接するから，

$\qquad r + r' = 8 \quad \cdots ①$ 　　← 外接する条件　$r + r' = d$

また，$d = 2$ のとき内接するから，

$\qquad r - r' = 2 \quad \cdots ②$ 　　← 内接する条件　$r - r' = d$（$r > r'$）

①＋②より，$2r = 10$

よって，　　　　$r = 5$

①へ代入して，$r' = 8 - 5 = 3$

よって，2つの円の半径は **5 と 3** である。

練習63

(1) 右図のように，点 B を通り直線 OO′
に平行な直線と直線 OA との交点を
C とすると，

$\qquad$ AC $= 8 - 3 = 5$, BC $=$ OO′ $= 13$

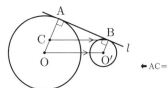

である。

　　← AC = OA − O′B

このとき，△ABC は直角三角形となる
から，三平方の定理より，

$\qquad$ AB$^2 = 13^2 - 5^2 = 169 - 25 = 144$ 　　← AC^2 + AB^2 = BC^2

AB > 0 より，**AB $= 12$**

(2) 右図のように，点 B を通り直線 OO′
に平行な直線と直線 OA との交点を C
とすると，

$\qquad$ AC $= 7 + 5 = 12$, BC $=$ OO′ $= 20$

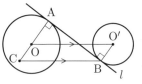

である。

　　← AC = OA + O′B

このとき，△ABC は直角三角形となる
から，三平方の定理より，

$\qquad$ AB$^2 = 20^2 - 12^2 = 400 - 144 = 256$ 　　← AC^2 + AB^2 = BC^2

AB > 0 より，**AB $= 16$**

26 作　図

考え方 垂直二等分線，垂線，角の二等分線，平行線の基本的な作図のどれを使えばよいか考える。

問26

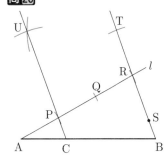

(i) 点 A を通る直線 l を引き，点 P をとる 　　← 直線 l と点 P は任意

(ii) l 上に AP＝PQ＝QR となるように点 Q，R
をとる 　　← コンパスで AP の長さをとり，Q，R を定める

(iii) 直線 RB を引き，この直線上に点 S をとる

(iv) 直線 RB 上に，SP＝ST となる点 T をとる

(v) 点 P，T を中心として，半径 SP の円をか
き，交点を U とする 　　← 点 P を通り直線 BR に平行な直線を引く

(vi) 直線 PU と AB との交点が求める点 C

(1)

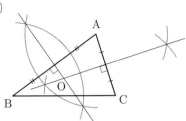

(i) 3点 A，B，C を中心とする同じ半径
　の円 O_A，O_B，O_C をかく

(ii) 円 O_A と O_B の2交点を結ぶ直線と円　←それぞれ辺 AB，AC の垂直二等分線
　O_A と O_C の2交点を結ぶ直線の交点 O　　であるから，交点が外心となる
　が外心である

(2)

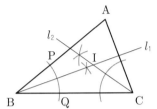

(i) 点 B を中心とする円と辺 BA，BC の交点を P，
　Q とする

(ii) 2点 P，Q を中心とする同じ半径の円の交点　←l_1 は∠ABC の二等分線
　と B を結ぶ直線 l_1 を引く

(iii) 点 C について，(i)(ii)と同様の操作をして引い　←l_2 は∠ACB の二等分線
　た直線を l_2 とする

(iv) l_1 と l_2 の交点 I が内心である

(3)

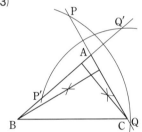

(i) 点 B を中心とする円と直線 AC との交点を P，
　Q とする

(ii) 2点 P，Q を中心とする同じ半径の円の交点
　と B を結ぶ

(iii) 点 C について，(i)(ii)と同様の操作で C を通る　←求めた2直線の交点 H とすると，頂
　直線を引く　　　　　　　　　　　　　　　　　　点 A から辺 BC に引いた垂線は H を
　　　　　　　　　　　　　　　　　　　　　　　　通る
　　　　　　　　　　　　　　　　　　　　　　　　点 H を垂心という

(4)

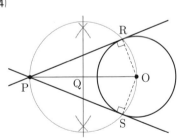

(i) 2点 O，P を中心とする同じ半径の円　←線分 OP の垂直二等分線であるから，
　をかき，2交点を結ぶ直線と線分 OP の　　点 Q は OP の中点
　交点を Q とする

(ii) 点 Q を中心とし，半径 QP の円と円 O　←線分 OP を直径とする円であるから
　の交点を R，S とする　　　　　　　　　　　∠PRO＝∠PSO＝90°である

(iii) 直線 PR，PS が求める接線である

(5)

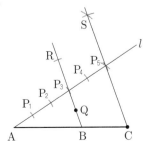

(i) 点 A を通る直線 l を引き，点 P_1 をとる　←直線 l と点 P は任意

(ii) l 上に $AP_1＝P_1P_2＝P_2P_3＝P_3P_4＝P_4P_5$ となる　←コンパスで AP_1 の長さをとり，P_2〜
　ように点 P_2〜P_5 をとる　　　　　　　　　　　　P_5 を定める（P_5 は線分 AP_3 を 5：2
　　　　　　　　　　　　　　　　　　　　　　　　　に外分する点である）

(iii) 直線 P_3B を引き，この直線上に点 Q をとる

(iv) 直線 P_3B 上に $QP_5＝QR$ となる点 R をとる

(v) 点 R，P_5 を中心として，半径 QP_5 の円をか　←点 P_5 を通り直線 P_3B に平行な直線
　き，交点を S とする　　　　　　　　　　　　　　を引く

(vi) 直線 P_5S と直線 AB の交点が求める点 C

(6)

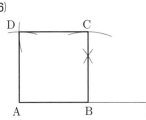

(i) 直線 AB 上に AB＝BP となるように点 P を
とる
(ii) 2 点 A，P を中心とする同じ半径の円をか
き，交点と点 B を通る直線を引く
(iii) この直線上に AB＝BC となる点 C をとる
(iv) 点 A，C を中心とする半径 AB の円をかき，
交点を D とすると，四角形 ABCD が求める
正方形

← 線分 AP の垂直二等分線を引く

← AB⊥BC，下側に作ってもよい

← A と C から等距離 AB にある点を求める

27 空間における直線と平面

 2 平面のなす角は，交線に垂直な平面上の直線のなす角を調べる。

問27 (1) 辺 AE，DH，FE，GH

← 辺 BC と交わらず，平行でもない辺を調べる

(2) 面 ABFE，DCGH

練習65

(1) △ACF は正三角形であるから，直線 AF と直線 CF
のなす角は60°

← AC＝CF＝FA より△ACF は正三角形

(2) 平面 ABCD と平面 AFGD の交線は直線 AD である。
BA⊥AD，FA⊥AD であり，∠BAF＝45° であるから，
2 平面のなす角は45°

← 平面 ABCD 上の直線 BA と平面 AFGD 上の直線 FA は
2 平面の交線 AD に垂直で，この 2 直線のなす角は
45°である

28 多面体

 複雑な立体では，頂点，辺，面の個数を数えるときに取りこぼさないように気をつけよう。

問28 $v＝6$，$e＝12$，$f＝8$
よって，$v－e＋f＝6－12＋8＝2$

← 正八面体の頂点の数は 3×8÷4＝6(＝v)，
辺の数は 3×8÷2＝12(＝e)，面の数は 8(＝f)

練習66

(1) 頂点は A，B，D，E，F，G，H であるから，$v＝7$
辺は AB，AD，AE，BF，DH，EF，FG，GH，HE，
BD，DG，GB であるから，$e＝12$
面は正方形 ABFE，ADHE，EFGH，
△ABD，△BFG，△DGH，△BGD であるから，$f＝7$
よって，$v－e＋f＝7－12＋7＝2$

← 立方体の辺

← △BDG の辺

(2) BD，BE，BG，DG，DE，EG はすべて，立方体の 6 つの面の正方
形の対角線であるから，長さが等しい。
よって，多面体の 4 つの面は合同な正三角形で，また，各正三角形は
多面体の頂点に 3 個ずつ集まっている。したがって，多面体 BDEG は
正四面体である。

← 多面体の各面が合同な正三角形であることと
各頂点に 3 つの面が集まっていることをいう

29 約数と倍数

考え方 倍数の判定法を活用しよう。

問29 (1) **1, 2, 3, 6, 9, 18** ← 1, 18 も 18 の約数である

(2) (i) 4 の倍数となるのは，下 2 桁が 4 の倍数のときである。 ← 2 桁の 4 の倍数で，1 の位が 6 のものを調べる
よって，16, 36, 56, 76, 96 の場合であるから，
1, 3, 5, 7, 9 のいずれかである。

(ii) 36 の倍数は，4 の倍数かつ 9 の倍数であるから，(i)で求めた数の
うち，各位の数の和が 9 の倍数になるものである。
$2+3+\square+6=11+\square$
より，(i)で求めた数を代入すると，12, 14, 16, 18, 20 となるから， ← 9 の倍数になるのは 18 のみ
9 の倍数となるのは，**7** のときである。

(3) $800 = 8 \times 10 \times 10$
$= (2 \times 2 \times 2) \times (2 \times 5) \times (2 \times 5)$
$= \mathbf{2^5 \times 5^2}$

← 右のように，素数で
割っていってもよい

```
2 ) 800
2 ) 400
2 ) 200
2 ) 100
2 )  50
5 )  25
       5
```

練習67 (1) 3 の倍数かつ 2 の倍数になる場合である。
3 の倍数となるのは，各位の数の和が 3 の倍数になるときであるから，
$2+5+\square=7+\square$ より，2, 5, 8 である。 ← 各位の数の和は，9, 12, 15
このうち，2 の倍数になるのは，一の位が偶数のときであるから，
2 または 8 である。

(2) 各位の数の和が 3 の倍数であるが 9 の倍数ではないときであるから，
$3+\square+4+7=14+\square$ より， ← 各位の数の和が 3 の倍数の候補 15, 18, 21
1 または 7 である。 ← 4 のときは，14+4=18 となり 9 の倍数になるから不適

(3) 8 の倍数かつ 9 の倍数になる場合である。
8 の倍数となるのは，下 3 桁が 8 の倍数になるときであるから，
一の位が 0 または 8 である。 ← 下 3 桁 24□ より，一の位 0 または 8
このとき，9 の倍数になるのは，各位の数の和が 9 の倍数になる
ときであるから，
(ア) 一の位が 0 のとき
$1+\square+2+4+0=7+\square$ より，2 ← このとき 9 となり 9 の倍数
(イ) 一の位が 8 のとき
$1+\square+2+4+8=15+\square$ より，3 ← このとき 18 となり 9 の倍数
よって，1①24②が 72 の倍数となる組は，
(①, ②) = (2, 0), (3, 8)

練習68 (1) $\sqrt{72n} = \sqrt{2^3 \times 3^2 \times n}$ より，これが整数になる最小の自然数は
$n = \mathbf{2}$

← √ の中を素因数分解したとき，素因数の指数がすべて偶数になれば，√ がはずれる。(1)では，2 が 3 個，(2)では，3 と 5 が 1 個ずつなので，偶数個になるようにする

(2) $\sqrt{60n} = \sqrt{2^2 \times 3 \times 5 \times n}$ より，これが整数になる最小の自然数は，
$n = 3 \times 5 = \mathbf{15}$

最大公約数と最小公倍数

考え方　・素因数分解したものから，最大公約数と最小公倍数を求める方法を理解しておこう。
　　　　・$ab=gl$（g, l はそれぞれ 2 つの数 a, b の最大公約数，最小公倍数）を活用しよう。

問30　(1)　$75=3\times5^2$, $135=3^3\times5$ であるから，
　　　　最大公約数は，$3\times5=$**15**，最小公倍数は，$3^3\times5^2=$**675**

(2)　最大公約数を g とすると，$56\times98=g\times392$
$$g=\frac{\overset{14}{56}\times\overset{1}{98}}{\underset{4}{392}}=\textbf{14}$$

練習69　(1)　18 と 30 の最大公約数であるから，
　　　　$18=2\times3^2$, $30=2\times3\times5$
　　　　よって，$2\times3=$**6**(cm)

(2)　18 と 30 の最小公倍数であるから，$2\times3^2\times5=$**90**(cm)

練習70　$72=2^3\times3^2$, $60=2^2\times3\times5$, $168=2^3\times3\times7$
　　　　最大公約数は，$2^2\times3=$**12**，最小公倍数は，$2^3\times3^2\times5\times7=$**2520**

練習71　$72=2^3\times3^2$ であるから，$n=2^a\times3^b$ と表せる。
$18=2^1\times3^2$ と n について，
素因数 2 のそれぞれの指数 1 と a の大きい方が 3 であるから，$a=3$
素因数 3 のそれぞれの指数 2 と b の大きい方が 2 であるから，$b=0$, 1, 2
よって，$n=2^3\times3^0$, $2^3\times3^1$, $2^3\times3^2=$**8**, **24**, **72**

練習72　a, b（$a<b$）の最大公約数が 12 であるから，
$a=12a'$, $b=12b'$　（a' と b' は互いに素，$a'<b'$）…①
とおける。
$ab=12\times72$ より，$12a'\times12b'=12\times72$　$a'b'=6$
よって，$(a', b')=(1, 6)$, $(2, 3)$　$(a'<b')$
ゆえに，①より，$(a, b)=$**(12, 72)**, **(24, 36)**

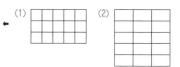

←$75=3^\circ\times5^\circ$, $135=3^\triangle\times5^\triangle$
最大公約数は○と△の小さい方
最小公倍数は○と△の大きい方

←a, b の最大公約数 g，最小公倍数 l のとき
$ab=gl$

(1)　　　　　(2)

←$72=2^\circ\times3^\circ$, $60=2^\triangle\times3^\triangle\times5^\triangle$, $168=2^\square\times3^\square\times7^\square$
最大公約数は，素因数 2 と 3 の指数○, △, □の小さいものの積
最小公倍数は，素因数 2 と 3 と 5 と 7 の指数○, △, □の大きいものの積

←$3^0=1$ である

←$ab=gl$

←$a'b'=6$ を満たし，互いに素である自然数 a', b' を求める

 ユークリッドの互除法

考え方　$a\div b$ の余り r が 0 でなかったら，$b\div r$ の余りが 0 になるまで続けよう。

問31
$270\div42=6$ 余り 18
$42\div18=2$ 余り 6
$18\div6=3$ 余り 0
よって，270 と 42 の最大公約数は **6**

←0 でない余りの約数の中に最大公約数が含まれている
←割った数を余りで割ることを繰り返す
←余りが 0 になったので割った数 6 が最大公約数

練習73
(1)　$187\div136=1$ 余り 51
　　　$136\div51=2$ 余り 34
　　　$51\div34=1$ 余り 17
　　　$34\div17=2$ 余り 0
　　　よって，最大公約数は **17**

(2)　$420\div165=2$ 余り 90
　　　$165\div90=1$ 余り 75
　　　$90\div75=1$ 余り 15
　　　$75\div15=5$ 余り 0
　　　よって，最大公約数は **15**

←割った数を余りで割ることを繰り返す

←余りが 0 になったとき，割った数が最大公約数

(3)　$4950 \div 4312 = 1$ 余り 638

　　$4312 \div 638 = 6$ 余り 484

　　$638 \div 484 = 1$ 余り 154

　　$484 \div 154 = 3$ 余り 22

　　$154 \div 22 = 7$ 余り 0

　　よって，最大公約数は **22**

(4)　$8381 \div 7424 = 1$ 余り 957

　　$7424 \div 957 = 7$ 余り 725

　　$957 \div 725 = 1$ 余り 232

　　$725 \div 232 = 3$ 余り 29

　　$232 \div 29 = 8$ 余り 0

　　よって，最大公約数は **29**

← 割った数を余りで割ることを繰り返す

← 余りが 0 になったとき，割った数が最大公約数

1次不定方程式

考え方　まず，ひと組の解を見つけよう。$a=b$ のとき a が n の倍数ならば b も n の倍数であることを活用しよう。

問32

　$2x-3y=1$　　…①

　$x=2$，$y=1$ は①の整数解の1組であるから，

　　$2\cdot2-3\cdot1=1$　…②

　①－②より，$2(x-2)-3(y-1)=0$

　　　　　　　　$2(x-2)=3(y-1)$　…③

　2と3は互いに素であるから，$x-2$ は3の倍数である。

　よって，$x-2=3k$（k は整数）とおける。

　これを③に代入して，$2\cdot3k=3(y-1)$

　ゆえに，$y-1=2k$

　したがって，求める整数解は，**$x=3k+2$，$y=2k+1$**（k は整数）

← 以下，この式を③の形にするため式変形する

← まず，ひと組の解をさがす

← ①式に代入

← 引き算で右辺が 0 になる

← ③の右辺は 3 の倍数であるから，左辺も 3 の倍数

$\begin{matrix} k=1 & k=-1 \\ \downarrow & \downarrow \end{matrix}$

← $(x,\ y)=(5,\ 3)$，$(-1,\ -1)$ なども①の解になる

練習74

(1)　$5x+3y=4$　　　…①

　$x=2$，$y=-2$ は①の整数解の1組であるから，

　　$5\cdot2+3\cdot(-2)=4$　…②

　①－②より，$5(x-2)+3(y+2)=0$

　　　　　　　　$5(x-2)=-3(y+2)$　…③

　3と5は互いに素であるから，$x-2$ は3の倍数である。

　よって，$x-2=3k$（k は整数）とおける。

　これを③に代入して，$5\cdot3k=-3(y+2)$　　ゆえに，$y+2=-5k$

　したがって，求める整数解は，**$x=3k+2$，$y=-5k-2$**（k は整数）

← まず，ひと組の解をさがす

← ③の右辺は 3 の倍数であるから，左辺も 3 の倍数

$\begin{matrix} k=1 & k=-1 \\ \downarrow & \downarrow \end{matrix}$

← $(x,\ y)=(5,\ -7)$，$(-1,\ 3)$ なども①の解になる

(2)　$3x+4y=5$　　　…①

　$x=3$，$y=-1$ は①の整数解の1組であるから，

　　$3\cdot3+4\cdot(-1)=5$　…②

　①－②より，$3(x-3)+4(y+1)=0$

　　　　　　　　$3(x-3)=-4(y+1)$　…③

　3と4は互いに素であるから，$x-3$ は4の倍数である。

　よって，$x-3=4k$（k は整数）とおける。

　これを③に代入して，$3\cdot4k=-4(y+1)$　　ゆえに，$y+1=-3k$

　したがって，求める整数解は，**$x=4k+3$，$y=-3k-1$**（k は整数）

← まず，ひと組の解をさがす

← ③の右辺は 4 の倍数であるから，左辺も 4 の倍数

$\begin{matrix} k=1 & k=-1 \\ \downarrow & \downarrow \end{matrix}$

← $(x,\ y)=(7,\ -4)$，$(-1,\ 2)$ なども①の解になる

🧩33　n 進法

考え方　n 進法と 10 進法の相互の変換方法を理解しておこう。

問33　(1)　$1010_{(2)} = 1 \times 2^3 + 0 \times 2^2 + 1 \times 2^1 + 0 \times 1 = 8 + 2 = \mathbf{10}$

← 4 桁の 2 進数 $abcd$
$a \times 2^3 + b \times 2^2 + c \times 2^1 + d \times 2^0$

(2)　右の計算より
$11 = \mathbf{1011_{(2)}}$

```
        余り
2 ) 11      ↓
2 )  5 … 1 ← 1 の位
2 )  2 … 1 ← 2 の位
2 )  1 … 0 ← 2² の位
     0 … 1 ← 2³ の位
```

← 余りの数字を下の方から書いて
$1011_{(2)}$

練習75　(1)　$10101_{(2)} = 1 \times 2^4 + 0 \times 2^3 + 1 \times 2^2 + 0 \times 2^1 + 1 \times 1$
$= 16 + 4 + 1 = \mathbf{21}$

← 5 桁の 2 進数 $abcde$
$a \times 2^4 + b \times 2^3 + c \times 2^2 + d \times 2^1 + e \times 2^0$

(2)　$11101_{(2)} = 1 \times 2^4 + 1 \times 2^3 + 1 \times 2^2 + 0 \times 2^1 + 1 \times 1$
$= 16 + 8 + 4 + 1 = \mathbf{29}$

(3)　$212_{(3)} = 2 \times 3^2 + 1 \times 3^1 + 2 \times 1 = 18 + 3 + 2 = \mathbf{23}$

← 3 桁の 3 進数 abc
$a \times 3^2 + b \times 3^1 + c \times 3^0$

(4)　$12012_{(3)} = 1 \times 3^4 + 2 \times 3^3 + 0 \times 3^2 + 1 \times 3 + 2 \times 1$
$= 81 + 54 + 3 + 2 = \mathbf{140}$

← 5 桁の 3 進数 $abcde$
$a \times 3^4 + b \times 3^3 + c \times 3^2 + d \times 3^1 + e \times 3^0$

練習76

(1)　右の計算より
$19 = \mathbf{201_{(3)}}$

```
        余り
3 ) 19      ↓
3 )  6 … 1 ← 1 の位
3 )  2 … 0 ← 3 の位
     0 … 2 ← 3² の位
```

(2)　右の計算より
$34 = \mathbf{1021_{(3)}}$

```
        余り
3 ) 34      ↓
3 ) 11 … 1 ← 1 の位
3 )  3 … 2 ← 2 の位
3 )  1 … 0 ← 3² の位
     0 … 1 ← 3³ の位
```

← 余りの数字を下の方から書いて
(1)　$201_{(3)}$
(2)　$1021_{(3)}$

🧩34　座　標

考え方　xy 平面 $\Longleftrightarrow$ (z 座標) $= 0$,　z 軸 $\Longrightarrow$ (x 座標) $= 0$ かつ (y 座標) $= 0$ である。

問34　**例34** の図より $\mathrm{D}(3, 1, 0)$,　$\mathrm{E}(0, 1, 2)$,　$\mathrm{F}(3, 0, 2)$

練習77　(1)　右図から $\mathrm{A}(1, 2, 0)$

(2)　同様に $\mathrm{B}(0, 0, 3)$

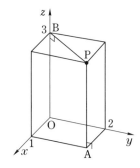

← xy 平面上の点は z 座標が 0 である

← z 軸上の点は x 座標と y 座標が 0 である

Obunsha